W0267955

Advances in Anatomy, Embryology and Cell Biology
Ergebnisse der Anatomie und Entwicklungsgeschichte
Revues d'anatomie et de morphologie expérimentale

Springer-Verlag Berlin Heidelberg New York

This journal publishes reviews and critical articles covering the entire field of normal anatomy (cytology, histology, cyto- and histochemistry, electron microscopy, macroscopy, experimental morphology and embryology and comparative anatomy). Papers dealing with anthropology and clinical morphology will also be accepted with the aim of encouraging co-operation between anatomy and related disciplines.

Papers, which may be in English, French or German, are normally commissioned, but original papers and communications may be submitted and will be considered so long as they deal with a subject comprehensively and meet the requirements of the Ergebnisse.

For speed of publication and breadth of distribution, this journal appears in single issues which can be purchased separately; 6 issues constitute one volume.

It is a fundamental condition that manuscripts submitted should not have been published elsewhere, in this or any other country, and the author must undertake not to publish elsewhere at a later date.

25 copies of each paper are supplied free of charge.

Les résultats publient des sommaires et des articles critiques concernant l'ensemble du domaine de l'anatomie normale (cytologie, histologie, cyto et histochimie, microscopie électronique, macroscopie, morphologie expérimentale, embryologie et anatomie comparée. Seront publiés en outre les articles traitant de l'anthropologie et de la morphologie clinique, en vue d'encourager la collaboration entre l'anatomie et les disciplines voisines.

Seront publiés en priorité les articles expressément demandés nous tiendrons toutefois compte des articles qui nous seront envoyés dans la mesure où ils traitent d'un sujet dans son ensemble et correspondent aux standards des «Résultats». Les publications seront faites en langues anglaise, allemande et française.

Dans l'intérêt d'une publication rapide et d'une large diffusion lestravaux publiés paraitront dans des cahiers individuels, diffusés séparément: 6 cahiers formen t un volume.

En principe, seuls les manuscrits qui n'ont encore été publiés ni dans le pays d'origine ni à l'étranger peuvent nous être soumis. L'auteur d'engage en outre à ne pas les publier ailleurs ultérieurement.

Les auteurs recevront 25 exemplaires gratuits de leur publication.

Die Ergebnisse dienen der Veröffentlichung zusammenfassender und kritischer Artikel aus dem Gesamtgebiet der normalen Anatomie (Cytologie, Histologie, Cyto- und Histochemie, Elektronenmikroskopie, Makroskopie, experimentelle Morphologie und Embryologie und vergleichende Anatomie). Aufgenommen werden ferner Arbeiten anthropologischen und morphologisch-klinischen Inhaltes, mit dem Ziel, die Zusammenarbeit zwischen Anatomie und Nachbardisziplinen zu fördern.

Zur Veröffentlichung gelangen in erster Linie angeforderte Manuskripte, jedoch werden auch eingesandte Arbeiten und Orginalmitteilungen berücksichtigt, sofern sie ein Gebiet umfassend abhandeln und den Anforderungen der „Ergebnisse" genügen. Die Veröffentlichungen erfolgen in englischer, deutscher und französischer Sprache.

Die Arbeiten erscheinen im Interesse einer raschen Veröffentlichung und einer weiten Verbreitung als einzeln berechnete Hefte; je 6 Hefte bilden einen Band.

Grundsätzlich dürfen nur Manuskripte eingesandt werden, die vorher weder im Inland noch im Ausland veröffentlicht worden sind. Der Autor verpflichtet sich, sie auch nachträglich nicht an anderen Stellen zu publizieren.

Die Mitarbeiter erhalten von ihren Arbeiten zusammen 25 Freiexemplare.

Manuscripts should be addressed to/Envoyer les manuscrits à/Manuskripte sind zu senden an:

Advances in Anatomy, Embryology and Cell Biology
Ergebnisse der Anatomie und Entwicklungsgeschichte
Revues d'anatomie et de morphologie expérimentale

48 · 5

D. W. Scheuermann

Über den Feinbau des Myokards von Rana temporaria (L.)
Ultrastructure of ventricular cardiac muscle of Rana temporaria

Mit 31 Abbildungen

Springer-Verlag Berlin Heidelberg GmbH 1974

D. W. Scheuermann
Institut für Biophysik und Elektronenmikroskopie
der Universität Düsseldorf
4000 Düsseldorf
Moorenstraße 5

ISBN 978-3-540-06609-5 ISBN 978-3-662-10652-5 (eBook)
DOI 10.1007/978-3-662-10652-5

Inhalt

Einleitung

Die Ergebnisse der elektronenmikroskopischen Untersuchungen von Ventrikeln des Myokards verschiedener Wirbeltiere zeigen nach den bis heute angewandten Methoden, daß es erhebliche Unterschiede einerseits zwischen dem Herzmuskel der Fische, Amphibien und Reptilien und andererseits dem der Säugetiere gibt.

Die Herzmuskelzellen der Kaltblüter weisen ein kaum entwickeltes sarkoplasmatisches Reticulum (SR) auf (Frosch: Scheyer, 1960; Huang, 1967; Staley und Benson, 1968; Sommer und Johnson, 1969, 1970; Axolotl: Howse *et al.*, 1969; Gros und Schrével, 1970; Schildkröte: Fawcett und Selby, 1958; Bergman, 1960; *Boa constrictor*: Leak, 1967). Sie besitzen kein transversales tubuläres System (T-System) (Frosch: Staley und Benson, 1968; Sommer und Johnson, 1969, 1970; Axolotl: Howse *et al.*, 1969; Gros und Schrével, 1970; Schildkröten, Salamander, Fische: Howse *et al.*, 1970; Schildkröte: Hirakow, 1970; *Necturus*: Hirakow, 1971; *Boa constrictor*: Leak, 1967), und es fehlt der Nexus zwischen den Myokardzellen (Frosch: Staley und Benson, 1968; Sommer und Johnson, 1969, 1970; Axolotl: Howse *et al.*, 1969; Gros und Schrével, 1970).

Eine Erklärung für das wenig entwickelte SR wird in der niedrigen Herzfrequenz dieser Tiere gesucht (Slautterback, 1963; Leak, 1967; Gros und Schrével, 1970), da die Entwicklung des SR in plasmodialen Muskelfasern um so stärker ist, je schneller der Muskel arbeitet (Beispiele: die sich schnell kontrahierenden quergestreiften Fasern in Kehlkopfmuskeln der Fledermaus (Revel, 1962) und in der Schwimmblasenwand des Seeteufels, Porter, 1961). In Übereinstimmung hiermit finden Sommer und Johnson (1969, 1970), Hirakow (1970) und Jewett *et al.* (1971) auch in den Herzmuskelzellen der Vögel, die eine hohe Frequenz besitzen, ein gut entwickeltes SR. Dennoch konnte Fawcett (1961) im Herzen einer Fledermausart, das sich normalerweise 500—600mal pro Minute kontrahiert und u. U. eine Frequenz von 1000 Schlägen erreicht, nur mit viel Mühe ein SR nachweisen.

Das Fehlen eines T-Systems in den Herzmuskelzellen bei Poikilothermen führen Staley und Benson (1968) und Hirakow (1970) auf ihren geringen Durchmesser zurück. Bei Erregung der Herzmuskelzelle wird die Plasmamembran depolarisiert. Eine Depolarisationswelle dringt über das T-System bei breiten Herzmuskelzellen in die Tiefe (Constantin und Podolsky, 1965; Hasselbach und Weber, 1965) und bewirkt die Freigabe von Ca-Ionen aus dem SR. Besitzen die Herzmuskelzellen einen kleinen Durchmesser, dann wird die Depolarisation der Plasmamembran bei Vorhandensein der peripheren „couplings" aus dem subsarkolemmal liegenden SR Ca-Ionen freisetzen (beim Huhn: Sommer und Johnson, 1969, 1970; Hirakow, 1970; bei Finken und Kolibris: Jewett *et al.*, 1971). Beim Fehlen der peripheren „couplings" und bei spärlichem SR (beim Frosch: Staley und Benson, 1968; Sommer und Johnson, 1969) würde die Plasmamembran die Calcium-freigebende und -bindende Funktion des SR ausüben.

Okita (1971) findet, daß die Herzmuskelzellen bei Schildkröte (*Amyda*) einen Durchmesser von 8—13 μm haben, also nahezu dieselben wie die Ventrikelmuskelzellen der Katze (Fawcett und McNutt, 1969). Dennoch hat *Amyda* nur kurze T-Tubuli, während das T-System bei der Katze bis halb in die Zelle eindringt. Anscheinend ist das Vorhandensein oder Fehlen des T-Systems und dessen Ausdehnung nicht allein auf die Größe des Durchmessers der Zelle zurückzuführen.

Für die angeführten morphologischen Unterschiede gaben Staley und Benson (1968) eine physiologische Erklärung, die sie mit der Arbeit von Niedergerke (1963a, b) begründeten. Die Einleitung der Kontraktion im Herzmuskel des Frosches ist eine Folge des Calcium-Zuflusses während des Ablaufs eines Aktionspotentials. Jedoch ist die erforderliche Quantität Calcium für eine Herzkontraktion viel größer als der gefundene maximale Zufluß von Calcium pro Kontraktion. Darum erwog Niedergerke (1963a) die Möglichkeit, daß aktives Calcium von der inneren Oberfläche des Plasmalemms freigegeben würde. Diese Vorstellung von Niedergerke brachten Staley und Benson (1968) mit Fehlen des SR und des T-Systems in Herzmuskelzellen des Frosches in Zusammenhang. Sie kamen zu der Annahme, daß der Mechanismus der Exzitations-Kontraktions-Koppelung und der Relaxation beim Herzmuskel der Mammalia und allen Skeletmuskelzellen ein anderer sei als beim Herzmuskel der Poikilothermen (Constantin und Podolsky, 1965; Yamamoto, 1967; Staley und Benson, 1968).

Bei beiden Gruppen finden Kontraktion und Relaxation durch Konzentrationswechsel von Ca-Ionen im Bereich der Myofilamente statt, da Ca-Ionen über das Troponin-Tropomyosin-System die Aktivität der Actine regulieren (Ebashi *et al.*, 1969). Woher bei der Kontraktion die Ca-Ionen geliefert werden und wohin sie bei der Relaxation zurückfließen, kann jedoch bei beiden Gruppen von Muskelzellen unterschiedlich sein.

Bei Skelet- und Herzmuskeln der Mammalia erhöht sich die Konzentration der aktivierenden Ca-Ionen im Bereich der Myofilamente hauptsächlich durch das Freiwerden des Calciums aus dem intracellulären Kompartiment, in das die Ca-Ionen bei der Relaxation wieder aufgenommen werden. Dieses Kompartiment ist ein Teil des SR (Constantin *et al.*, 1965; Hasselbach und Weber, 1965; Winegrad, 1965). Der Stimulus, der zu dieser Zu- oder Abnahme der Ca-Konzentration führt, läuft über das T-System (Huxley und Taylor, 1958; Constantin und Podolsky, 1966; Ebashi und Endo, 1968). Beim Herzmuskel der Poikilothermen soll hingegen bei Erregung das aktivierende Calcium von der Innenseite der Plasmamembran freigegeben und bei Relaxation wieder an diese gebunden werden.

Ein weiterer Unterschied zwischen den beiden Herzmuskeltypen betrifft die Nexusbildung. Staley und Benson (1968), Sommer und Johnson (1969, 1970) konnten im Ventrikel von *Rana pipiens* nirgends die Ausbildung von Nexus zwischen den Zellen beobachten, welche den geringen elektrischen Widerstand verstehen ließen. Dagegen haben Barr *et al.* (1965) und Baldwin (1970) im Herzmuskel derselben Froschart Nexus angetroffen. Unabhängig von fraglichen morphologischen Unterschieden ließ sich zeigen, daß der Herzmuskel der Amphibien — ebenso wie der der Mammalia — elektrophysiologisch wie ein Syncytium (Synapticum) reagiert (Weidmann, 1969).

Diese Erwägung und die Widersprüche in den erwähnten feinstrukturellen Ergebnissen waren der Anlaß zu einer erneuten Untersuchung der Feinstrukturen des Myokards bei *Rana temporaria*. Um die Relationen zwischen den extracellulären Räumen, den Zellkontakten und den Membransystemen in der Zelle nachzuweisen, wurde neben den gebräuchlichen Fixierungen von zwei histochemischen „Tracers“ Gebrauch gemacht.

Erstens verwendeten wir in vivo intravenös injizierte Meerrettich (horse-radish)-Peroxydase (HRP) an Stelle von Ferritin für den Nachweis der Zusammenhänge extracellulärer Räume. Es ist bekannt (Forssmann und Girardier, 1966), daß Ferritin sehr ungleichmäßig zwischen die Herzmuskelzellen eindringt, wodurch Experimente, die das T-System mit Ferritin anzeigen sollten, negativ ausfallen können. Möglicherweise ist das Versagen des Nachweises einer Kommunikation zwischen dem T-System und dem Außenraum der Zelle mit Ferritin dessen Molekülgröße (Durchmesser 10—12 nm) zuzuschreiben. Wir wählten deshalb HRP, 5—6 nm Moleküldurchmesser, die sich gut für den strukturellen Nachweis der extracellulären Räume eignet (Graham und Karnovsky, 1966). Es ergibt sich die Möglichkeit, den Weg des HRP durch das kardiale Endothel in den subendothelialen Bindegewebsraum und in dessen Ausläufer elektronenmikroskopisch zu verfolgen. Bei einem Teil der Tiere erfolgte die intravenöse Injektion mit HRP in einer hypertonischen Lösung, wodurch die extracellulären Räume dilatiert werden. Zweitens verwendeten wir Lanthan, das alle extracellulären Räume elektronenmikroskopisch erkennen läßt (Revel und Karnovsky, 1967).

Nachfolgend werden die Ergebnisse dieser verschiedenen Untersuchungsmethoden bei *Rana temporaria* dargestellt. Wir haben außerdem weitere Befunde am Myokard bei *Rana* erhoben, die erwähnenswert sind.

Material und Methode

48 männliche und weibliche Frösche (*Rana temporaria*, Gewicht 25—50 g) wurden zu verschiedenen Jahreszeiten gefangen und vor dem Versuch 4 Tage lang bei 4° C gehalten. Herzfrequenz der Versuchstiere: 27—42 Schläge pro Minute. Mittlere Frequenz der 48 Tiere: 33 Schläge pro Minute. Alle Tiere wurden mit Äther-Chloroform anaesthesiert.

Das Herz wurde — nach Laparotomie und Öffnen des Perikards — in situ fixiert, und zwar wurde eine Fixationslösung durch die Herzspitze in den Ventrikel bei einem Druck von 40 mm Hg injiziert. Unmittelbar danach wurde das linke Atrium eingeschnitten, um eine Überdehnung zu verhindern. Zur gleichen Zeit wurde die Fixationslösung auf die Außenseite des Herzens geträufelt.

Fixationslösungen (eisgekühlt): 1. 6% Glutaraldehyd (Sabatini *et al.*, 1963) gepuffert mit 0,1 m Kaliumphosphat bei pH 7,4, Osmolarität 1050 mOsm. 2. 2% Osmiumtetroxyd (Palade, 1952) gepuffert mit 0,032 m Veronalacetat bei pH 7,4, zu dem 2,5% Saccharose hinzugefügt wurde, Osmolarität 227 mOsm. 3. 0,6% Kaliumpermanganat (Luft, 1956) gepuffert mit 0,05 m Veronalacetat bei pH 7,4, Osmolarität 222 mOsm.

Kleine Stückchen der Ventrikelwand (ca. 0,5 mm^3) wurden aus vier transversalen Ebenen präpariert, d. h. aus dem Apex (a), und aus drei parallel verlaufenden Ebenen, die im Ventrikel zwischen Apex und Basis so verteilt wurden (b, c und d genannt), daß d direkt unter die Ventrikelbasis zu liegen kam. Bei b, c und d wurden Vorder- und Hinterwand, und bei c und d außerdem aus der Wand der Hauptkammer und epikardial je ein Gewebestückchen herauspräpariert. Mittels Immersion wurde weiter fixiert. Die Gesamtdauer der Glutaraldehyd-Fixation betrug 2 Std; danach wurde 10 min in Frosch-Ringer-Lösung bei 4° C gespült und 2 Std in 2% Osmiumtetroxyd (4° C), gepuffert mit 0,1 m s-Collidin (Bennett und Luft, 1959) bei pH 7,4 postfixiert.

Die Dauer der primären OsO_4-Fixation war 2 Std, wonach 10 min mit Frosch-Ringer-Lösung (4° C) gespült wurde, die Fixationsdauer mit $KMnO_4$ variierte von 1—6 Std.

Die Entwässerung erfolgte schnell in aufsteigender Reihe mit 50%, 70% und 90% kaltem Aceton (4° C). Die Gesamtdauer der Entwässerung betrug 30 min und wurde in 100% Aceton

(3mal) bei Zimmertemperatur beendet. Nach $KMnO_4$-Fixation (Luft, 1956) wurde einmal 2 min und einmal 20 min in 25% Äthanol entwässert, dann ab 70% Aceton auf die o.a. Weise.

Die Einbettung wurde auf die vorgeschriebene Weise mit Durcupan (Fluka) vorgenommen. Die Polimerisation erfolgte 4 Tage lang bei 60°C.

Für die Imprägnation der Gewebestückchen mit Lanthan (Revel und Karnovsky, 1967) wurde mit einer 4% Paraformaldehyd-5% Glutaraldehyd-Lösung nach Karnovsky (1965a) in 0,1 m Sørensen-Phosphatpuffer bei pH 7,4 2 Std bei Zimmertemperatur fixiert, 10 min in 0,1 m Phosphatpuffer nach Sørensen und danach 20 min in 0,1 m s-Collidin-Puffer mit Saccharose gespült. Die Lanthanbehandlung und Postfixation erfolgte bei Zimmertemperatur 2 Std lang in einer Lösung aus gleichen Volumenteilen 2% OsO_4 in 0,2 m s-Collidin-Puffer bei pH 7,7 und $La(OH)_3$-Lösung. Die zuletzt genannte Lösung wurde aus 4% wäßriger Lanthannitrat-Lösung und 0,01 n NaOH nach Revel und Karnovsky (1967) so hergestellt, daß die endgültige Lanthankonzentration 1% betrug. Die Entwässerung erfolgte auf gleiche Weise wie nach Fixation mit Glutaraldehyd und OsO_4, jedoch nur für eine Dauer von 15 min.

Für die intravitale Markierung wurde HRP Sigma Typ II und Typ VI verwendet. Nach Freilegung der Vena cutanea magna an der peritonealen Seite wurde 1 mg/g Körpergewicht HRP in 0,3 ccm Frosch-Ringer-Lösung injiziert, deren Osmolarität 230 mOsm beträgt. Nach 30 min Zirkulation wurde das Herz herausgenommen und noch schlagend in 2 ml einer mit 95% O_2 und 5% CO_2 gesättigten Ringerlösung aufgehängt, die 5 mg/ml HRP enthielt. Nach 20 min wurde das Herz in toto in 2% Glutaraldehyd, gepuffert mit einer 0,1 m Sørensen-Phosphat-Lösung (pH 7,4), fixiert, und gleichzeitig wurde dieselbe Fixierungslösung 5 min lang von der Herzspitze aus in den Ventrikel injiziert. Aus den oben angeführten Ventrikelteilen wurden Gewebestückchen präpariert und danach in derselben gepufferten Glutaraldehydlösung 2 Std fixiert und 10 min in 0,1 m Sørensen-Phosphat-Puffer gespült. Dann inkubierten wir die Gewebestückchen 60 min in einer frisch angesetzten Graham-Karnovsky-Lösung (1966) im Dunkeln bei Zimmertemperatur. Die Inkubationslösung enthielt: 10 mg 3,3'-Diaminobenzidintetrahydrochlorid (DAB) und 10 ml 0,05 m Trishydroxymethylaminomethan hydrochlorid (pH 7,4), der bei Beginn der Inkubation 0,1 ml 1% H_2O_2-Lösung zugesetzt wurde. Danach wurden die Präparate 1 Std bei Zimmertemperatur in 2% OsO_4 mit 0,1 m s-Collidin, gepuffert bei pH 7,4, nachfixiert. Die Entwässerung und Einbettung erfolgten wie oben angeführt.

Histochemische Kontrolle: 1. Ventrikelgewebe von nicht mit HRP injizierten Tieren wurde ebenfalls wie oben angeführt behandelt. 2. Ventrikelgewebe von mit HRP injizierten Tieren wurde wie oben angeführt behandelt, aber die Inkubation erfolgte ohne DAB. Bei beiden Kontrollen erfolgte keine Reaktion.

Ein Teil der Untersuchung wurde mit HRP Sigma Typ II vorgenommen. Vereinzelt wurde ein T-Tubulus gesehen, der nach Behandlung mit Graham-Karnovsky-Lösung mit dem Reaktionsprodukt gefüllt war. Wir glaubten, daß der Reinheitsgrad der HRP eine Rolle spielen könnte, und so verwendeten wir auch — jedoch mit unterschiedlichem Ergebnis — HRP Sigma Typ VI. In beiden Fällen fanden wir das Muskelgewebe deutlich kontrahiert. Es ist bekannt, daß die Kontraktion der Muskelzellen die Tubuli des T-Systems zwar verlängert, aber gleichzeitig auch deren Lumen verengert. Daher ist denkbar, daß der Übergang des T-Rohrs in den intercellulären Raum so eng wird, daß die HRP nicht eindringen kann. Diese Erwägungen haben dazu geführt, mittels einer hypertonischen Lösung das T-System im Myokard des Frosches zu erweitern. Zu diesem Zweck wurde bei verschiedenen Tieren HRP in einer hypertonischen Lösung injiziert, d.h. der Ringerlösung für Frösche wurde NaCl bis 900 mOsm zugefügt.

Silberne bis graue Dünnschnitte wurden mit einem LKB-Ultramikrotom mittels Glasmessern angefertigt und mit Netzen, die mit einem Film aus Formvar beschichtet waren, aufgefangen. Die Schnitte wurden mit Uranylacetat (Watson, 1958) und anschließend mit Bleicitrat (Reynolds, 1963) oder mit Bleicitrat allein kontrastiert und im Siemens Elmiskop bei 80 kV untersucht.

Lichtmikroskopische Untersuchungen wurden an Paraffinschnitten, gefärbt mit Trichrom nach Masson, vorgenommen, außerdem an Schnitten von 1 µm Dicke der in Durcupan eingebetteten Gewebe, die mit Giemsa nach Thoenes (1960) gefärbt waren. Mit HRP injiziertes Gewebe wurde mittels semi-dünnen Schnitten im Phasenkontrastmikroskop voruntersucht, um günstige Bereiche für die Elektronenmikroskopie zu finden.

Ergebnisse

I. Lichtmikroskopische Befunde

Beim Frosch besteht das Herzmuskelgewebe der Ventrikelwand vorwiegend aus kleinen, dem Lumen zugewendeten Balken, die schon von Gompertz (1884) als Trabeculae carneae (Abb. 1) beschrieben worden sind. Ihre Oberfläche ist mit Endokard bekleidet. Auf der Außenseite ist die Corticalis der Ventrikelwand glatt und vom Epikard bedeckt.

Da Coronargefäße fehlen, wird das Myokard des Frosches nur aus dem Ventrikel entlang der Buchten zwischen den Trabeculae carneae nutritiv versorgt. Abb. 1 zeigt einen Anschnitt des Ventrikels, in dem sich das Lumen deutlich in Nebenkammern und in unregelmäßige, intertrabeculäre Hohlräume fortsetzt, die Blutzellen enthalten.

II. Elektronenmikroskopische Befunde

1. Endothel

Die innere Auskleidung der Herzkammer, das Endokard, besteht aus einer einfachen Lage von flachen, lückenlos aneinanderschließenden Zellen, in denen mehr oder weniger spindelförmige Kerne liegen. In Höhe des Kerns buchtet die Zelle bisweilen aus. Dort, wo zwei Endothelzellen aneinandergrenzen, sieht man häufig eine Überlappung des endothelialen Cytoplasmas (Abb. 2). Der intercelluläre endotheliale Spalt (20—30 nm) kann sich stellenweise bis ca. 10 nm verengen. Manchmal beobachten wir eine kleine Ausstülpung der endothelialen Verbindung in das Ventrikellumen oder auch in den subendothelialen Raum.

Das Cytoplasma der Endokardzellen enthält neben Mitochondrien und einzelnen Golgifeldern glattes endoplasmatisches Reticulum (ER), zuweilen granuliertes ER, traubenförmig angeordnete Ribosomen, selten „dense bodies“ und zahlreiche sehr gleichartige Bläschen (Abb. 3a). Die Schnittprofile der Bläschen sind rund oder oval, zeigen eine glatte dreischichtige Membran und einen Durchmesser von 70—100 nm. Zahlreiche Zellmembraneinfaltungen, Caveolae intracellulares (Yamada, 1955), stehen entweder mit dem interstitiellen Raum oder mit dem Lumen des Ventrikels in offener Verbindung, d.h., sie sind kontinuierlich mit der Plasmamembran. Größe, Zahl und Aussehen dieser Bläschen lassen annehmen, daß das Endokard aktiv am transcellulären Transport durch Cytopempsis beteiligt ist (Moore und Ruska, 1957b; Staubesand, 1965). Die in die Blutbahn eingespritzte HRP ist schon nach 1 min in den lumenseitigen Caveolae und in den Vesikeln nachweisbar (Abb. 3b). Daraus geht hervor, daß es bei diesem Membran-Vesiculations-Mechanismus um eine Stoffpassage geht. Zugleich passiert die HRP auch die intercelluläre Spalte des Endothels (Abb. 3b). In beiden Fällen entsteht kein Kontakt der HRP mit dem Cytoplasma der Endothelzellen, Endothelporen (Fenestrae) sind nicht vorhanden.

Zunächst erwecken die mit Endokard bekleideten Räume zwischen den Trabeculae carneae den Eindruck, daß es sich hier um Capillaren handelt. Bei genauerer Beobachtung zahlreicher Schnitte zeigt sich, daß es mit Endokard bekleidete Ausstülpungen des Ventrikellumens sind, welche so tief in das Myokard eindringen, daß an manchen Stellen der Abstand zwischen dem Endokard und dem Epikard nur noch 3 μm beträgt (Abb. 4).

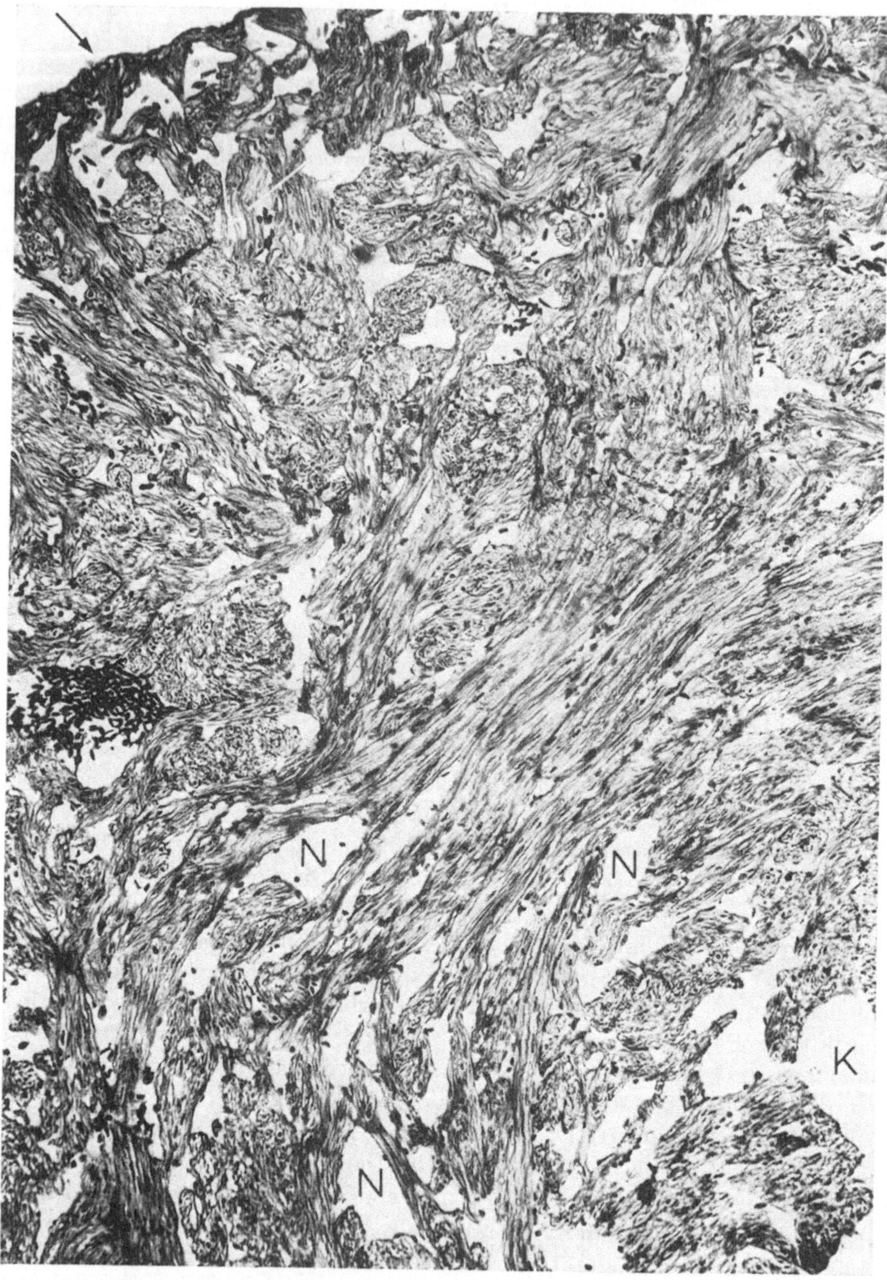

Abb. 1. Ein transversaler Anschnitt des Ventrikelmyokards des Frosches. Zentraler Kammerraum (K); Nebenkammern (N); rote Blutzellen enthaltende intertrabeculäre Hohlräume (In); zartwandige Corticalis (↗). Trichromfärbung nach Masson. Vergr. 130:1

Abb. 2. Mit Endokard bekleidete Ausstülpung des Ventrikellumens; weiße Blutzelle mit zahlreichen endocytotischen Bläschen und „dense bodies", Überlappung des endokardialen Cytoplasmas (↗) mit Spatium von 20—30 nm. Vergr. 16000:1

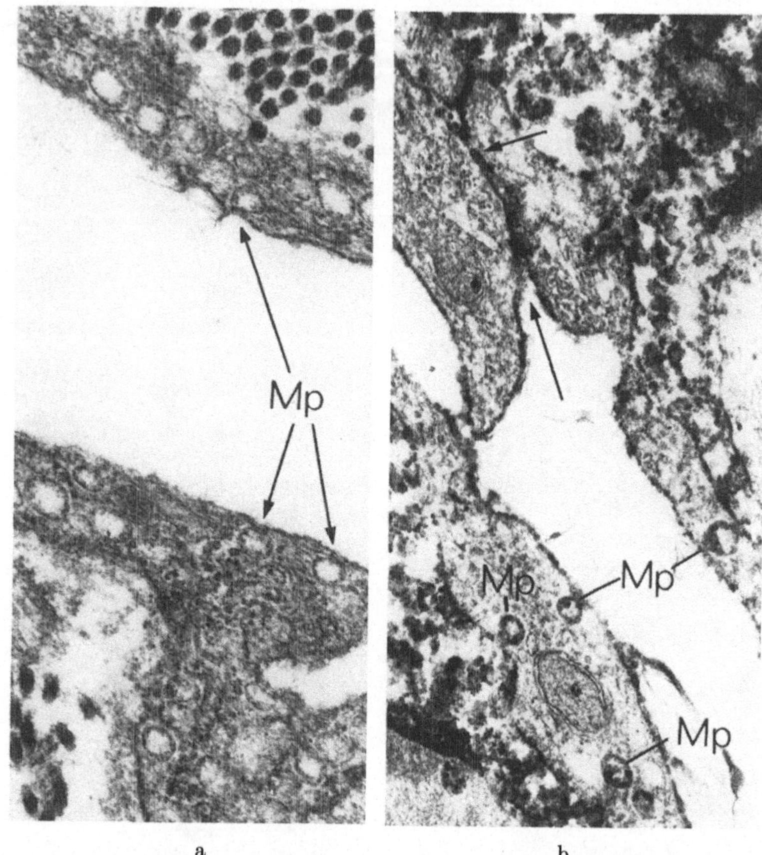

Abb. 3. a) Mikropinocytotische Zellmembraneinbuchtungen und Bläschen (*Mp*); b) mit HRP gefüllte mikropinocytotische Taschen und Bläschen (*Mp*). HRP ist im intercellulären Spalt (↗) und im subendothelialen Raum sichtbar. Der Transport von HRP findet transcellulär durch Cytopempsis und intercellulär statt. Vergr. 51000:1

2. *Subendothelialer Raum*

Der Raum zwischen dem Endokard und dem Myokard ist durch eine Basalmembran bzw. Glykocalyx (Bennett, 1963) von wechselnder Dicke (30—50 nm) abgegrenzt, deren Abstand vom äußeren kontrastierten Teil der zugehörigen Plasmamembranen meistens 20—30 nm beträgt. An vielen Stellen geht die Basalmembran diffus in die Grundsubstanz über. In diesem Bindegewebsraum kommen Bindegewebsfasern (Retikulin und Kollagen) und selten auch Bindegewebszellen vor. Zahlreiche dickere polyaxonale (Abb. 5a, 6, 7) und auch feine monoaxonale myelinfreie (Abb. 7) Nervenfasern liegen subendothelial und zwischen Muskelzellen. Sie sind verschieden vollständig von Cytoplasmascheiden der Schwann-Zellen und dann auch von Basalmembranen begleitet. Neben den oben angeführten Ausstülpungen, verursacht durch Zellkerne, finden sich Ausstülpungen des Endokards in das Ventrikellumen über darunterliegenden Nervenfasern (Abb. 5a). Das subendokardiale Bindegewebe mit Nervenelementen setzt sich in die zwischen den

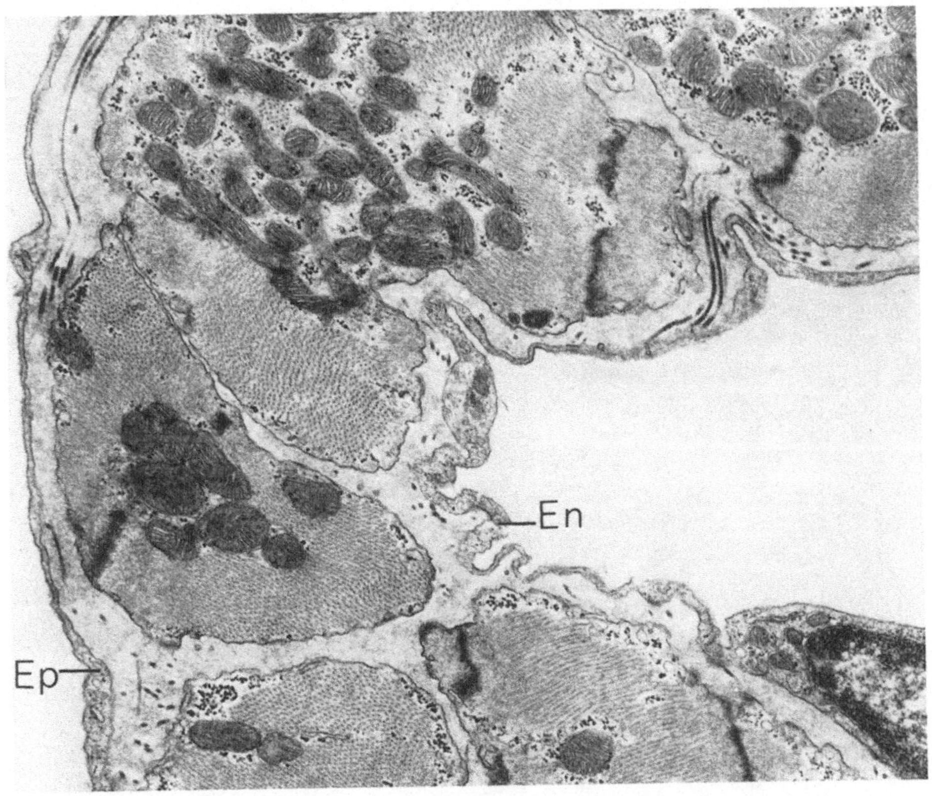

Abb. 4. Die äußerste Grenzschicht des Ventrikelmyokards, die Corticalis, liegt hier zwischen Epikard (*Ep*) und Endokard (*En*) eines intertrabeculären Hohlraums. Vergr. 17600:1

Muskelzellgruppen liegenden bindegewebigen Septa fort, die dann wieder kontinuierlich mit dem subepikardialen Bindegewebe zusammenhängen.

So können wir an der Arbeitsmuskulatur des Herzens subendokardiale, subepikardiale und intramurale Nervenzellfortsätze beobachten. Alle Lokalisationen finden sich nahezu gleich häufig; die größeren polyaxonalen Nervenelemente liegen meistens subendokardial oder subepikardial, und zwar „gesandwicht" zwischen Endokard bzw. Epikard und Herzmuskelzellen. Intramural sind ausgebreitete Verzweigungen von meistens monoaxonalen Nervenfasern sowohl mit als auch ohne Schwannscher Cytoplasmascheide sichtbar (Abb. 5b). Der Kontakt zwischen nackten Axonen und Muskelzellen ist oft sehr eng, bisweilen besteht nur ein Abstand von ca. 25 nm zwischen der Plasmamembran des Axons und dem Sarkolemm (Abb. 8). Im Axoplasma beobachten wir Neurofilamente (im Querschnitt 7—10 nm), Neurotubuli (Durchmesser ± 20 nm), einige kleine Mitochondrien und im terminalen Teil eine große Anzahl von traubenförmig zusammenliegenden Bläschen, von denen man annimmt, daß sie die Transmitter-Substanz enthalten (Abb. 9, 10). In den meisten Nervenenden sind die Bläschen leer und haben einen Durchmesser von 30—60 nm. Daneben sind Nervenendigungen mit Bläschen zu finden, die einen elektronendichten Kern enthalten (Abb. 10). Zwi-

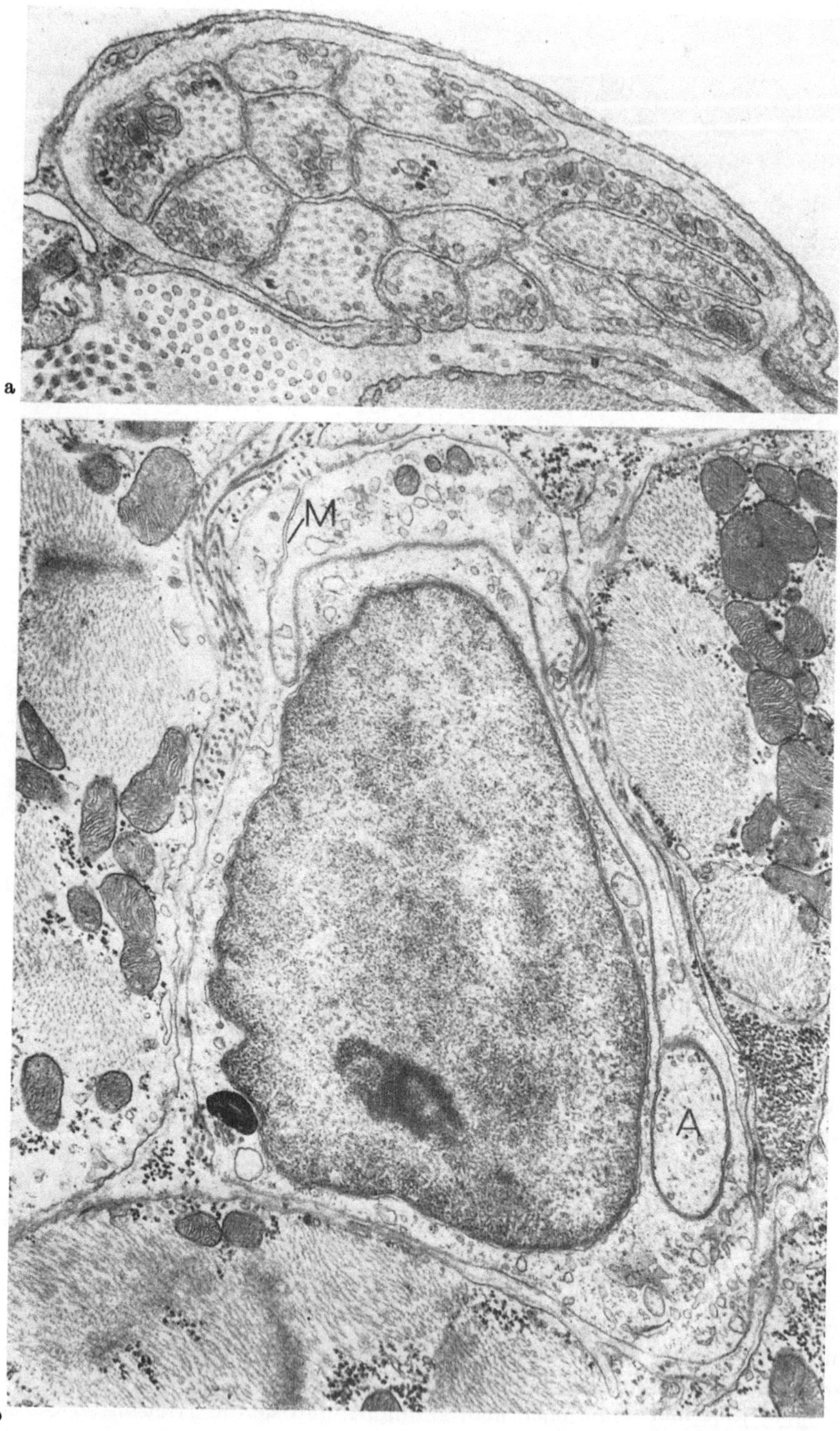

Abb. 5. a) Ausstülpung des Endokards im Ventrikellumen durch subendokardial gelegene polyaxonale nackte Nervenfaser. Vergr. 44000:1. b) Intramurale Schwannsche Zelle mit Mesaxon (*M*) und Axon (*A*), Vergr. 20000:1

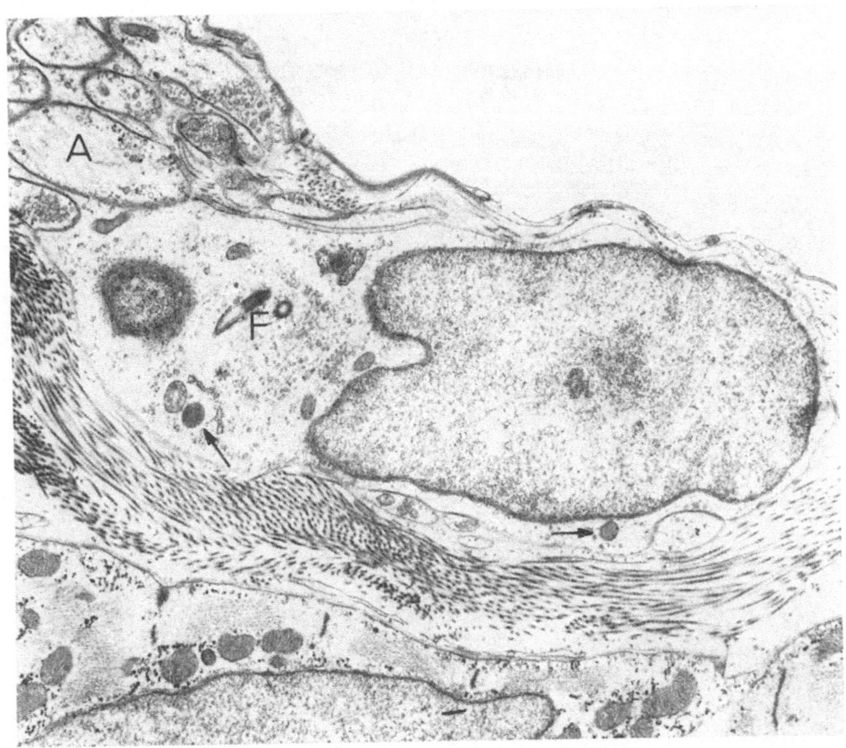

Abb. 6. Subendokardial liegende Schwannsche Zelle mit anliegenden und umschlossenen Axonen (*A*). Ein Centriol mit einem Flimmerhaar (*F*); rauhes endoplasmatisches Reticulum und dichte Einschlüsse (↗) in der Schwannschen Zelle. Vergr. 13000:1

schen den leeren, jedoch frequenter zwischen den kernhaltigen Bläschen, sind größere granuläre Vesikel von 60—100 nm Durchmesser sichtbar (Abb. 9).

Einige Zellen mit verzweigten Cytoplasmafortsätzen, die als Makrophagen zu deuten sind, schlängeln sich zwischen die Muskelzellen (Abb. 11). Es sind große Zellen, die außer den üblichen Zellorganellen (Mitochondrien, granuliertes ER, Golgi-Feld, freie Ribosomen) eine Reihe Strukturen wie verschieden tiefe Plasmalemmeinbuchtungen, multivesiculäre und residuale Körperchen enthalten, die an Aufnahme und Verdauung großer Partikel beteiligt sind. Daneben werden bisweilen Fibroblasten gesehen.

3. *Herzmuskelzellen*

Die Herzmuskelzellen des Frosches sind spindelförmig, schmal und lang. Die Dicke variiert von 2—12 μm, der Querschnitt ist in der Regel anisodiametrisch. Die ungeordnete Lage der Zellen erlaubt keine elektronenmikroskopischen Längenmessungen am einzelnen Schnitt und lichtmikroskopisch sind die Zellgrenzen nicht deutlich zu sehen. Barr *et al.* (1965) isolierten Muskelzellen des Atriums von *Rana pipiens* und fanden Längen von 175—250 μm. Obwohl wir keine statistischen Unterlagen haben, gewannen wir den Eindruck, daß die Zellen unter dem Epikard in der Regel breiter sind als in der Wand der Hauptkammer.

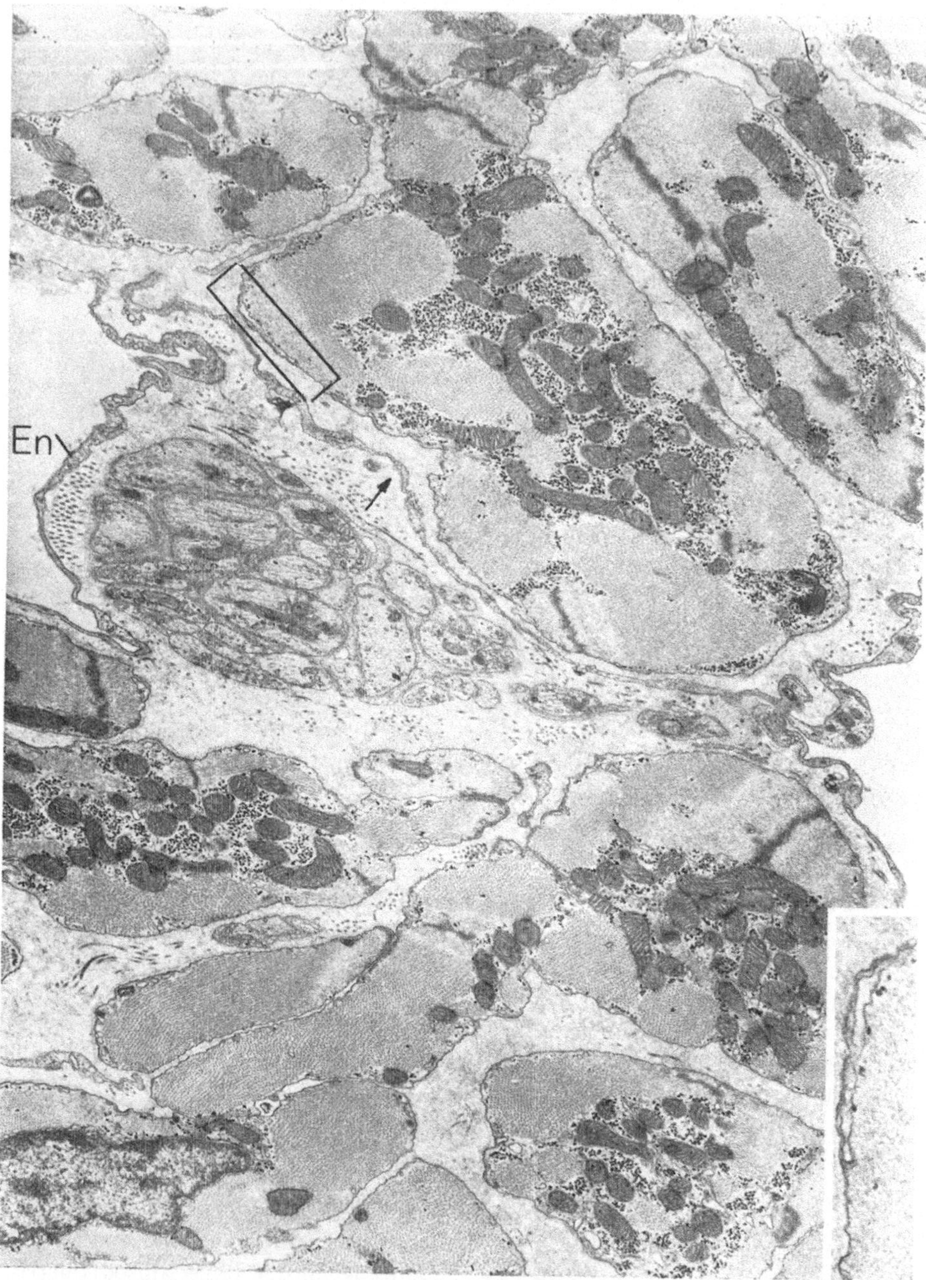

Abb. 7. Subendokardiale (Endokard: *En*) polyaxonale marklose Nervenfaser, darüber ein über mehrere μm in der Schnittebene längs getroffenes freies Axon (↗). Eine subsarkolemmale Zisterne (periphere Koppelung), die im Einschub vergrößert ist. Vergr. 12600:1; Einschub 30000:1

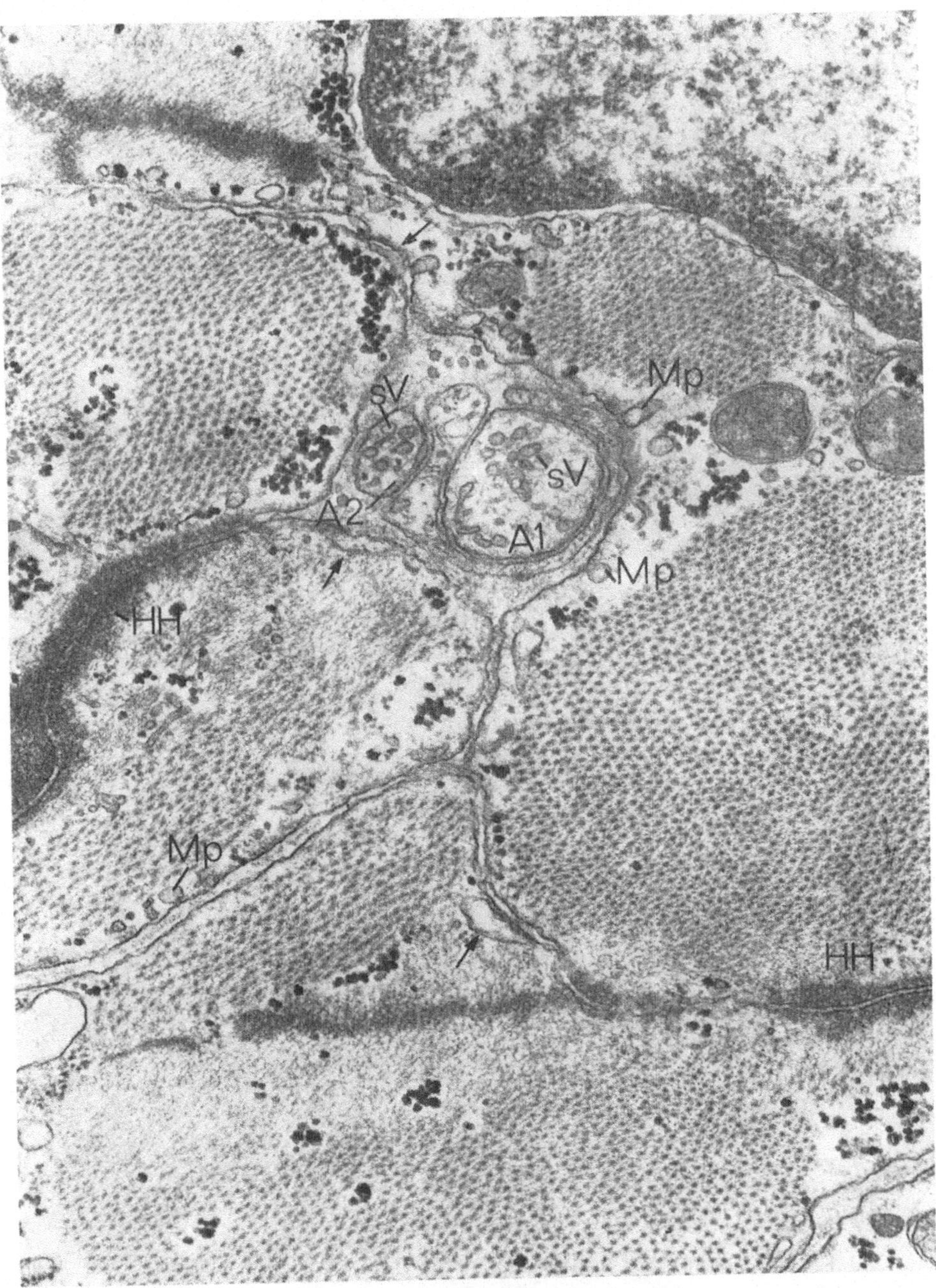

Abb. 8. Intramurale Nervenfasern. Axon (*A1*) umgeben von Cytoplasma der Schwannschen Zelle, Axon (*A2*) ist nackt. Beide enthalten synaptische Vesikeln (*sV*). Subsarkolemmale Zisternen (↗). Annähernd quergeschnittene A- und I-Bänder sowie Z-Streifen-Material, das sich zum Teil in Herz-Haftplatten (*HH*) fortsetzt. Rechts oben Anschnitt des Kernes mit perinucleärer Zisterne, Glykogen und mikropinocytotische Zellmembraneinbuchtungen (*Mp*). Vergr. 44000:1

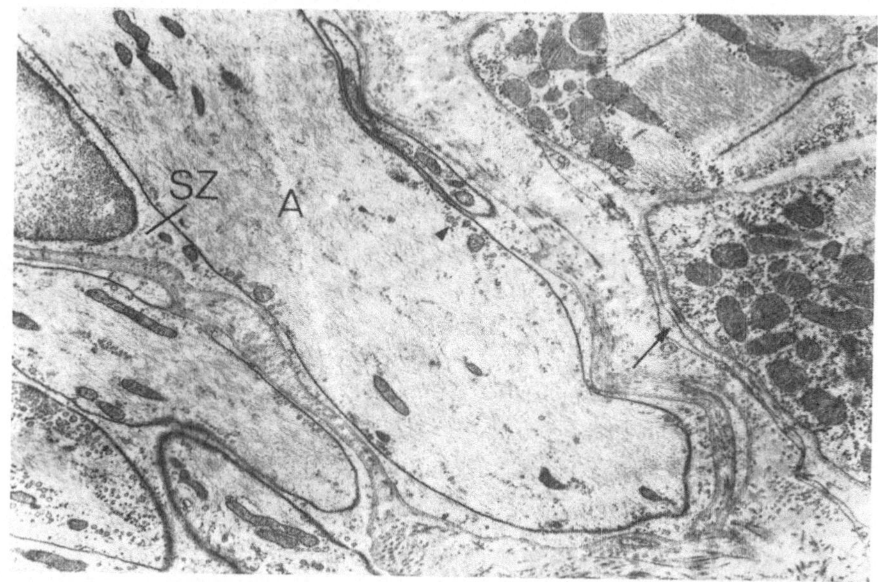

Abb. 9. Schräge Anschnitte einer polyaxonalen (*A*) marklosen Nervenfaser an der Ventrikelbasis, umschlossen von einer Schwannschen Zelle (*SZ*). Dem Herzmuskelgewebe liegt ein längs verlaufendes freies Axon (↗) an. Größere granuläre Vesikel von 60—100 nm (◢). Vergr. 10500:1

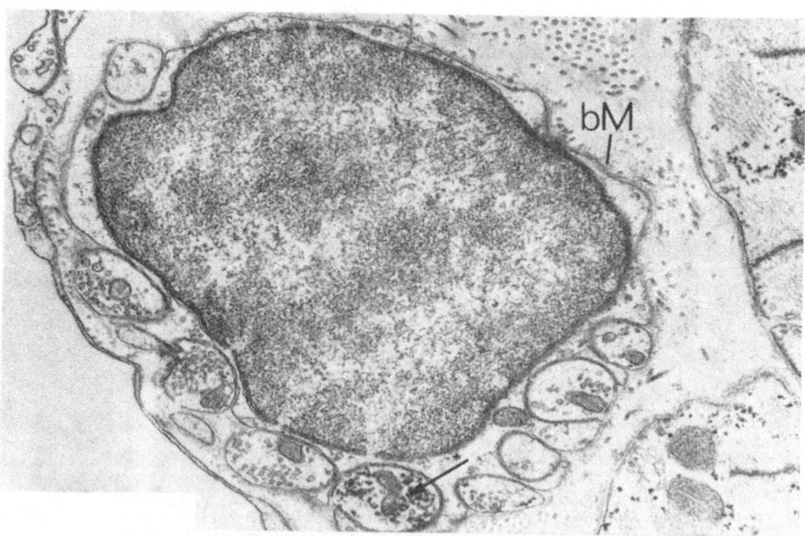

Abb. 10. Eine subendokardial liegende Schwannsche Zelle umschließt ganz oder teilweise neun Axone. Im Axoplasma sind traubenförmig leere und auch kernhaltige Bläschen (↗) sichtbar. Die Schwannsche Zelle ist mit den anliegenden Axonen von einer basalen Membran umgeben (*bM*). Vergr. 18000:1

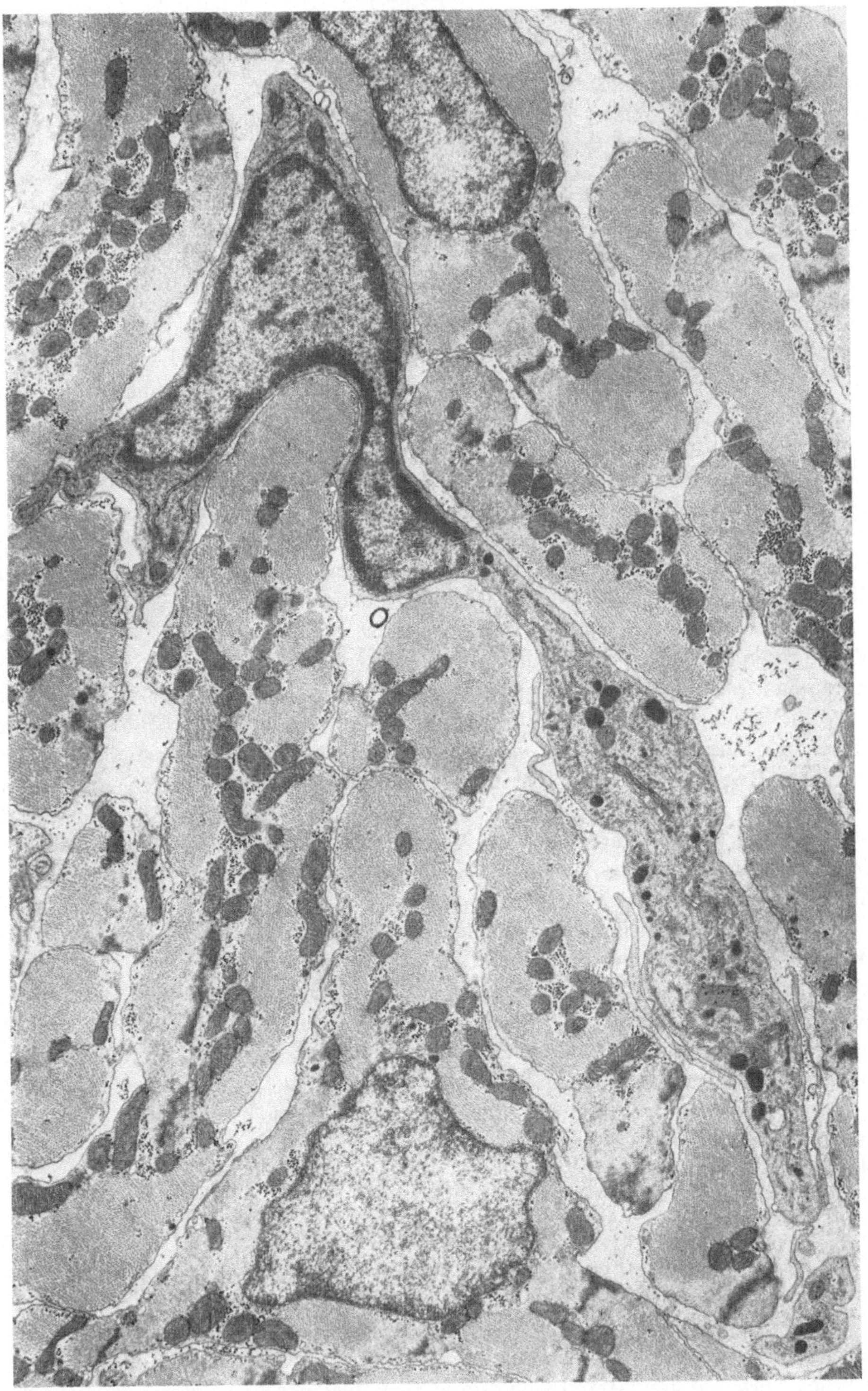

Abb. 11. Übersicht von quer- und schräg geschnittenen Muskelzellen aus dem mittleren Wandbereich. Im Intercellularraum befindet sich ein Makrophag mit rauhem endoplasmatischem Reticulum, Golgi-Feld und zahlreichen „dense bodies". Vergr. 12000:1

Die Zellen liegen in Höhe der Trabeculae z.T. parallel gruppiert. Sie liegen jedoch nicht alle parallel und haben oft eine komplizierte Anordnung, wodurch man im selben Anschnitt Zellen sieht, die schräg, quer und an vielen anderen Stellen auch längs getroffen sind.

Die Organisation der contractilen Proteine in den Herzmuskelzellen des Frosches ist im groben Umriß identisch mit der der Myokardzellen anderer Vertebraten und des Skeletmuskelgewebes. Es finden sich dicke und dünne Myofilamente, die A-I-Bänder und Z-Streifen bilden; H-Bänder sind bisweilen zu erkennen, M-Streifen jedoch nicht sichtbar, was mit den Ergebnissen der Untersuchungen von Huang (1967), Staley und Benson (1968) und Sommer und Johnson (1969) in Übereinstimmung steht. In manchem Präparat sind im I-Band deutliche N1- und N2-Streifen sichtbar (Abb. 9) und erscheinen wie eine Reihe von knotenartigen Verdickungen an jeder Seite des Z-Streifens und parallel zu ihm. Bisweilen beobachtet man sehr ungewöhnliche Strukturen: aus einem Zentralgebiet des Z-Streifen-Materials oder einer Haftplatte strahlen Myofibrillen in verschiedene Richtungen aus, die dann wieder in Höhe eines anderen Z-Streifens anastomosieren, der wiederum ein Zentrum von ausstrahlenden Myofibrillen bildet (Abb. 12). So bekommt man ein Netzwerk von Myofibrillen mit Zwischenräumen, bei denen die Knotenpunkte von Z-Streifen-Material gebildet sind.

Auf Querschnitten sahen wir in breiteren Zellen dicht aneinanderliegende Myofibrillen, die durch Anschnitte von SR voneinander getrennt sind (Abb. 28). In anderen breiteren Zellen lassen sich zwischen den Myofibrillen Anschnitte von SR und Mitochondrien sowie Glykogenpartikeln beobachten. In beiden Fällen ist oft an der Peripherie der Zelle eine Schicht von myofilamentfreiem Cytoplasma sichtbar. Dagegen liegt das Myofibrillenbündel, das die gesamten schmaleren Zellen in der Regel völlig einnimmt, direkt dem Sarkolemm an. Auf Abb. 28, 29 sehen wir das hexagonale Muster von Querschnitten der Myosinfilamente, ähnlich dem der Mammalia. Diese dickeren Filamente werden jeweils von sechs dünneren Actinfilamenten umgeben.

In Höhe der Ventrikelbasis — Annulus atrio-ventricularis — haben wir in der Wand der Hauptkammer große helle Zellen beobachtet (Abb. 13), die auffallend wenig Myofibrillen enthalten. Sie zeigen stellenweise viel Glykogen und einige Mitochondrien. Es sind Purkinje-Fasern, die denjenigen der Mammalia ähnlich sind (Bargmann, 1967; James und Sherf, 1968; Thaemert und Emmett, 1968). Im extracellulären Raum zwischen der Purkinje-Zelle und der Arbeitsmuskelzelle sind merkwürdige dünne Ausläufer beider Zellen nachweisbar (Abb. 13). Auf die Problematik der Morphologie und Funktion des Erregungsleitungssystems im Herzen des Frosches ausführlicher einzugehen, ist nicht unsere Absicht.

4. *Kern*

Der meistens zentral oder parazentral in den Herzmuskelzellen liegende Kern hat nach dem Vergleich mehrerer aufeinanderfolgender Querschnitte — die einmal lang gedehnt ovale, dann wieder kreisförmige Schnittflächen zeigen — eine langgedehnte, zylindrische, an den Polen sich verjüngende Form. Nur selten fand sich der Kern, lediglich durch eine dünne Sarkoplasmaschicht getrennt, dicht der Zellmembran anliegend (Abb. 14a). Beim kontrahierten Muskel weist der Kern deutlich tiefe Einbuchtungen auf. Bei Untersuchung genügender Serienschnitte sieht man immer den Nucleolus; das Chromatin ist vor allem an der Innenseite

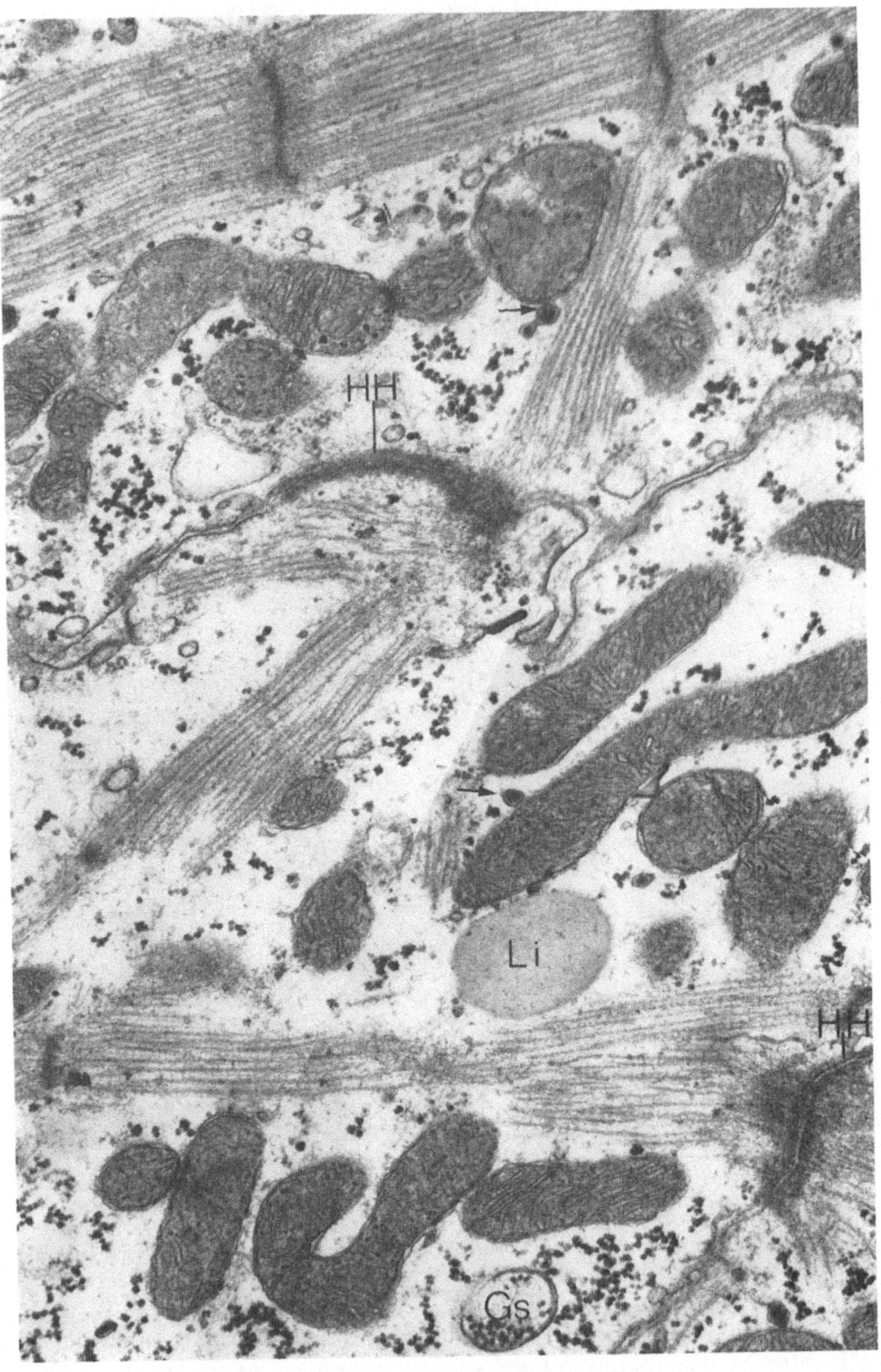

Abb. 12. Ausschnitt aus drei Herzmuskelzellen. Herz-Haftplatten (*HH*), aus denen Myofibrillen in verschiedene Richtungen ausstrahlen und in Höhe anderen Z-Streifen-Materials anastomosieren. Fetttropfen (*Li*); „atrial granules“ (↗); Glykogenosom (*Gs*). Vergr. 40000:1

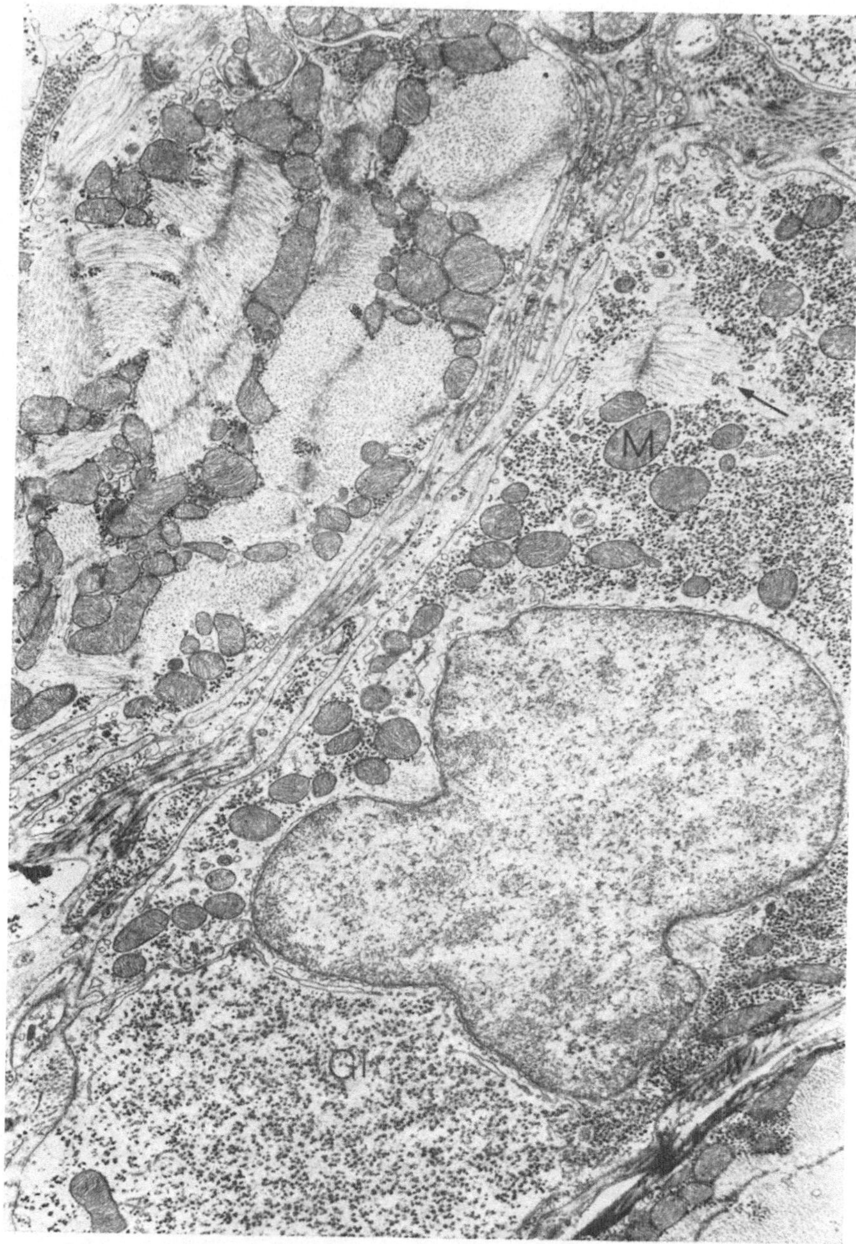

Abb. 13. Rechts Ausschnitt aus einer hellen Purkinje-Zelle; links oben Arbeitsmuskulatur. Mitochondrien (*M*), Glykogen (*Gl*), spärlich Myofibrillen (↗). Vergr. 31500:1

der Kernmembran angelagert. Die innere und äußere Kernmembran bilden an bestimmten Stellen komplexe Porenstrukturen von ca. 30 nm Durchmesser. Die äußere Membran öffnet sich in das SR, das bisweilen mit einigen Ribosomen versehen ist (Abb. 14c).

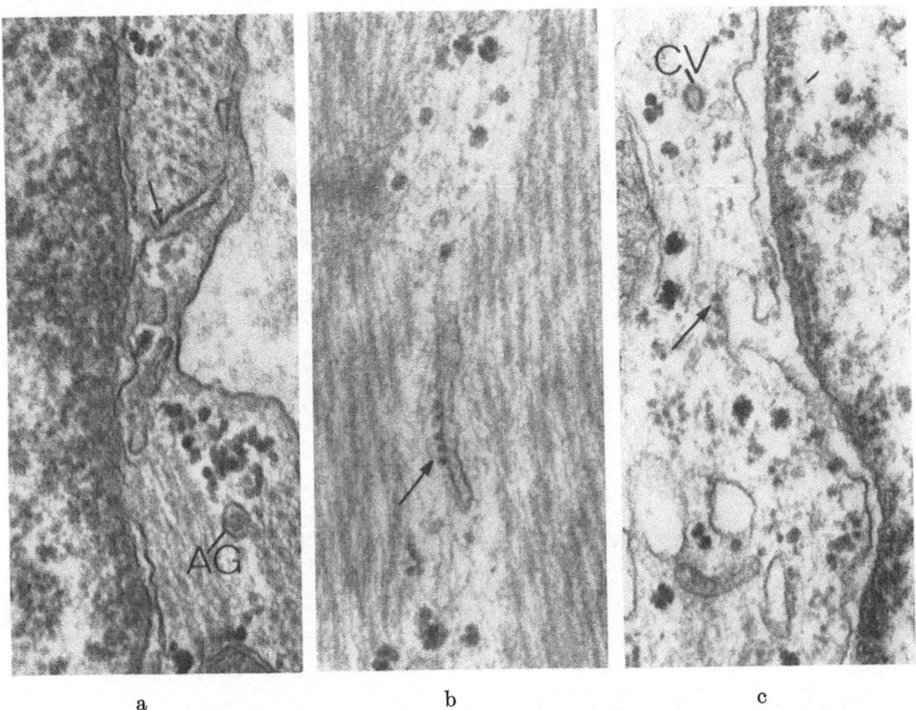

Abb. 14. a) Die äußere Membran der Kernwand geht kontinuierlich (↗) in das glatte endoplasmatische Reticulum über. „Artrial granule" (*AG*). Vergr. 80000:1. b) Rauhes endoplasmatisches Reticulum (↗) zwischen zwei Myofibrillen. Vergr. 80000:1. c) Endoplasmatisches Reticulum mit einigen Ribosomen (↗) in Zusammenhang mit der äußeren Membran der Kernwand. „Coated vesicle" (*CV*). Vergr. 80000:1

5. *Golgi-Felder*

Ein oder mehrere Golgi-Felder mit stark entwickelter, vesiculärer Komponente liegen in unmittelbarer Nähe der Kernpole. Zwischen dem Kern und den gefensterten Sacculi der Golgi-Felder beobachteten wir zahlreiche kleinere und größere Bläschen (Abb. 15b). An der äußeren, einem Golgi-Feld anliegenden Kernmembran finden sich kleine vesiculäre Evaginationen zum Cytoplasma hin. Diese besitzen dieselbe Elektronendichte wie die Golgi-Vesikel. Von den Evaginationen ausgehend in Richtung des Golgi-Feldes sind weitere Bläschen sichtbar, die wiederum die gleiche Elektronendichte wie die Golgi-Elemente und die Evagination zeigen, aus denen sie zu entstehen scheinen. So wird der Eindruck erweckt, daß die genannten Evaginationen sich nach Abschnürung als Bläschen den Golgi-Sacculi einfügen, wie dies in anderen Zellen vom Reticulum aus geschieht (s. Morré *et al.*, 1971; Whaley *et al.*, 1971). Unsere Befunde sind ein Argument für die Ansicht von Zeigel und Dalton (1962), Moore und McAlear (1963), Stang-Voss (1970), Chrétien (1971), Kessel (1971), Ovtracht (1971), Dubois (1972) und Weston *et al.* (1972) u.a., wonach das Golgi-Feld durch den Vesiculationsmechanismus auch einen Zufluß aus der Kernwand und der perinucleären Zisterne bekommt. In einigen Sacculi, ebenso in kleinen Vesikeln im Golgi-Feld, findet sich

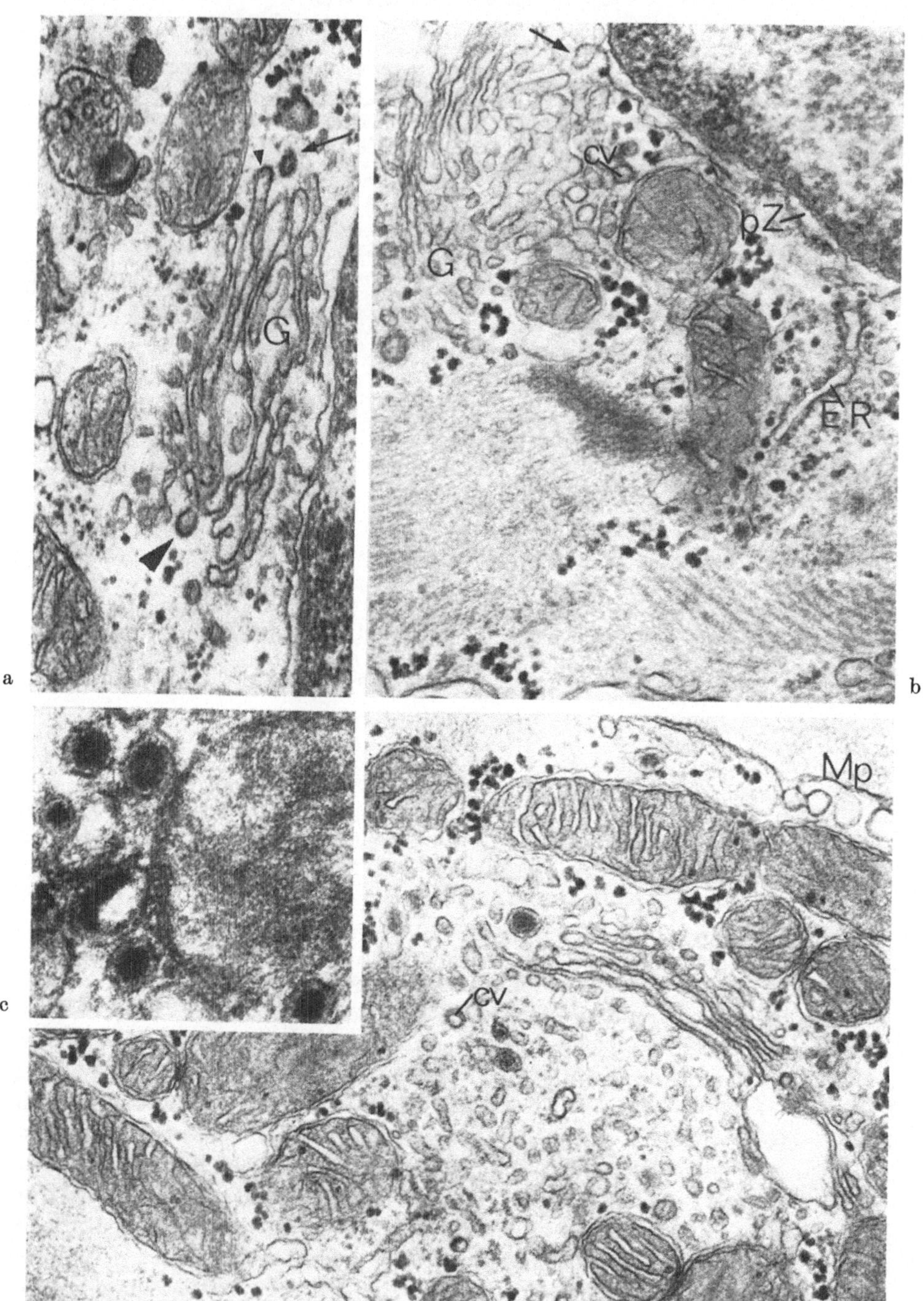

Abb. 15. a) Knospung (▲), Abschnürung (▲) und freie „coated vesicles" (↗) im Golgi-Feld (*G*). Vergr. 64000:1. b) Golgi-Feld (*G*) mit Sacculi und zahlreichen Vesikeln dicht dem Kern anliegend. Membranvesikulation der äußeren Kernmembran (↗) mit Abschnürung von Bläschen in Richtung Golgi-Feld. Perinucleäre Zisterne (*pZ*); rauhes endoplasmatisches Reticulum (*ER*); „coated vesicle" (*cv*). Vergr. 68000:1. c) Membrangebundene spezifische Granula („atrial granules") im Ventrikelmyokard des Frosches nach Fixierung in Kaliumpermanganat. Vergr. 80000:1. d) Golgi-Feld mit kleineren und größeren kernhaltigen Bläschen; „coated vesicle" (*cv*); mikropinocytotische Zellmembraneinbuchtungen (*Mp*). Vergr. 60000:1

dichtes Material, das von einer hellen Zone umsäumt wird (Abb. 15d). Etwas außerhalb des Feldes trifft man in gleicher Weise strukturierte größere Granula mit Durchmessern bis 300 nm an, bei denen wiederum die umgebende Membran oft von einem dichten Zentrum durch eine helle Zone getrennt ist (Abb. 15c). Da zwischen den kleineren Granula im Golgi-Feld und den größeren außerhalb dieses Feldes Granula nachgewiesen werden, welche nach Größe und Struktur deutlich zwischen diesen beiden liegen, nehmen wir an, daß die verschiedenen aufeinanderfolgenden Formen Produkte eines Bildungsprozesses im Golgi-Feld sind. Außerdem beobachteten wir diese Granula auch subsarkolemmal (Abb. 22a). Morphologisch sind sie mit den Granula im Myokard des Atriums identisch, die als spezifische „atrial granules" bei verschiedenen Tierarten von Jamieson und Palade (1964), Hibbs und Ferrans (1969), McNutt und Fawcett (1969) und Berger und Bencosme (1971) beschrieben wurden. Im Myokard des Ventrikels von *Rana* wurden sie schon von Rybak *et al.* (1966), Staley und Benson (1968) und Sommer und Johnson (1969) beobachtet. Erst histochemische und pharmakologische Untersuchungen werden über chemischen Aufbau und Funktion dieser Granula nähere Angaben ermöglichen (Hibbs und Ferrans, 1969; Sommer und Johnson, 1969; Berger und Bencosme, 1971).

Im Golgi-Feld beobachteten wir neben den glatten Bläschen solche mit gezähnter Oberfläche (40—50 nm Größe) (Abb. 15a). Ihre Lokalisation und ihr Aussehen lassen auf „coated vesicles" schließen, die oft einem Sacculus nahe anliegen. Abb. 15a zeigt die Knospung, die Abschnürung und die schon selbständig gewordenen „coated vesicles" in einem Golgi-Feld. Die „coated vesicles" haben nicht alle dieselbe Bedeutung. Die kleineren transportieren lytische Enzyme des Golgi-Feldes zu den Lysosomen, dagegen sollen die größeren für den Transport von Eiweiß durch die Plasmamembran nach dem Inneren der Zelle sorgen (Friend und Farquhar, 1967; Garant und Nalbandian, 1968) (Abb. 19, 29).

6. Centriolen

Centriolen können vereinzelt oder als Centriolenpaar mit senkrecht zueinander orientierten Längsachsen sichtbar sein.

7. Mitochondrien

Die Mitochondrien finden sich stets gruppenweise um den Kern und vornehmlich an dessen Polen. Sie können auch zwischen den Myofilamenten in Reihen parallel zur Längsachse der Zelle liegen und in breiteren Zellen subsarkolemmal. Die Schnittprofile erscheinen rund, oval, aber auch sehr pleomorph, wie dies bereits im Herzmuskel anderer Tiere nachgewiesen wurde (Stenger und Spiro, 1961; Fawcett und McNutt, 1969). Die Mitochondrien zeigen die klassische innere Struktur. Sie können sich verzweigen oder aus zwei Lappen mit einem schmalen Übergang bestehen (Abb. 16), in dem tubuläre Cristae parallel liegen. Es kann vorkommen, daß die Cristae periodische Abwinklungen aufweisen, wodurch eine Zickzack-Konfiguration zustande kommt. Diese wurde von Revel *et al.* (1963) und Gustafsson *et al.* (1965) als eine normale Variation betrachtet und von Williams *et al.* (1970) als „energized-twisted"-Konfiguration gedeutet. Bei tangentiellen Anschnitten sind Cristae als kleine Kreise zu beobachten. Gelegentlich

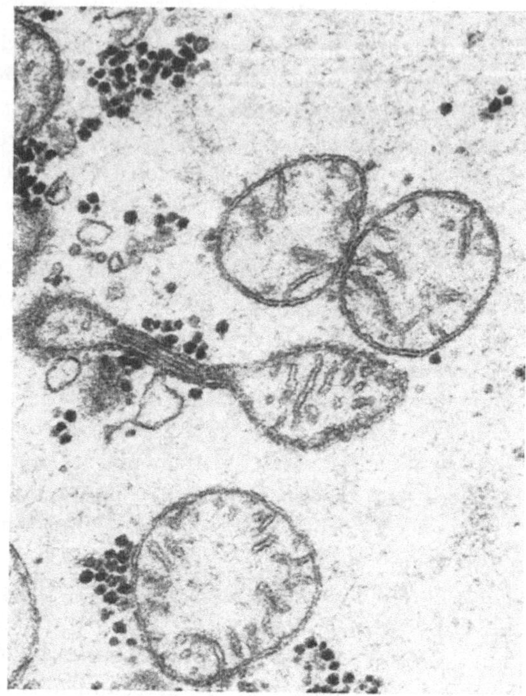

Abb. 16. Mehrfach beobachtetes hantelförmiges Schnittprofil eines Mitochondrions aus dem Ventrikelmyokard. Vergr. 40000:1

sind die Cristae wie Spiralen oder konzentrische Ringe gestaltet, wie dies bei Mammalia von Moore und Ruska (1957a) und von Stenger und Spiro (1961) illustriert wurde. Einige Mitochondrien enthalten im inneren Kompartiment elektronendichte Granula von 25—30 nm Größe, während andere davon frei sind. Peachey (1964) zeigte, daß sich die intramitochondrialen Granula durch Akkumulation von divalenten Kationen bilden, wodurch er zu der Vorstellung kam, daß diese Organellkomponente auf die Regulation des inneren Ionen-Milieus und auf die transcelluläre Bewegung von Ionen Einfluß nimmt.

8. Glykogen

Die nahe beieinanderliegenden Größen der Ribosomen (15—20 nm) und der Glykogengrana (20—35 nm) verhindern, daß beide Partikelarten immer sicher zu differenzieren sind. Methoden, um beide Partikel mittels Enzymen, z.B. Ribonuclease, zu unterscheiden, sind schwierig (Crossley, 1972). Will man die Ribosomen allein darstellen, dann kann man von ihrer Affinität für Uranylacetat Gebrauch machen. Glykogen besitzt ohne Nachfixierung mit Osmiumtetroxyd nach Fixierung mit Glutaraldehyd in Cacodylatpuffer für Uranylacetat keine Affinität (Galavazi, 1971). Da in unseren Schnitten die meisten der in und um die Fibrillen liegenden Grana deutlich einen größeren Durchmesser als 20 nm haben, handelt es sich bei diesen um Glykogenpartikel. In schmalen Zellen, in denen das

Sarkolemm gegen die Myofibrillen anliegt, trifft man nur wenig Glykogen an; dieses ist hauptsächlich in Höhe des A- und I-Bandes lokalisiert. In der breiten Zone des myofilamentfreien Sarkoplasmas der breiteren Zellen ist in der Regel viel Glykogen vorhanden. Auch beobachtet man hier zwischen den Myofilamenten Glykogengrana in Höhe des A- und I-Bandes, oft durch die Z-Streifen von einem Sarkomer zum anderen durchlaufend. In Höhe des H-Bandes haben wir nie Glykogen beobachten können. Zwischen den juxtanucleären Mitochondrien findet sich viel Glykogen, das zur Ausbildung membranumgebener Glykogenkörper (Glykogenosomen, David *et al.*, 1968) führen kann (Abb. 12).

9. Fett

Die Herzmuskelzelle des Frosches enthält stets Fetttropfen. Nach Fixierung mit Glutaraldehyd sind sie glatt und rund. Eine umgrenzende Membran fehlt. Sie liegen ungleichmäßig verstreut, doch typisch ist, daß sie stets Mitochondrien berühren (Abb. 17a). Da markierte Fettsäuren aus der Blutbahn in die Triglyceridtropfen des Myokards gelangen (Stein und Stein, 1968), und da das äußere Kompartiment der Mitochondrien Esterase-Aktivität zeigt (Barrnett und Hagstrom, 1963), sehen Stein und Stein (1968) in der nachbarlichen Lage von Mitochondrien und Fetttropfen einen unmittelbaren Hinweis auf die Beteiligung der Fette an der Energieproduktion des Herzens.

10. Sarkoplasmatisches Reticulum (sarkotubuläres, longitudinales oder L-System)

Auf Grund früherer Beobachtungen (Fawcett, 1961) neigt man zu der Annahme, daß das SR im Myokard nicht in dem Maße wie beim Skeletmuskel entwickelt ist. Veranlassung zu dieser Annahme gaben die sehr unregelmäßig liegenden Myofibrillen, wodurch es selten wird, an Längsschnitten eine große Oberfläche des plexiformen Netzwerkes zu finden. An günstigen Schnitten ist das SR im interfibrillären Raum aber doch in Form anastomosierender Tubuli zu erkennen (Abb. 17c), die netzmaschenförmig verbunden sind. Diese Sarkotubuli besitzen eine glatte Wand und können in allen Ebenen der Querstreifung liegen. Simpson und Oertelis (1962) beobachteten, daß die Membrandicke des SR geringer ist als die des T-Systems. Die Breite der Tubuli ist von Stelle zu Stelle verschieden, so daß das Bild einer Reihe von taschenförmigen Erweiterungen mit partiellen Abschnürungen entsteht (Abb. 17b). Die Kontinuität des L-Systems ist in Glutaraldehyd-fixierten Präparaten gut erhalten; das Lumen häufig mit grauer Substanz gefüllt. Forssmann und Girardier (1966) vermuten, daß dieses Bild durch Superposition der Tubulusmembran mit dem Tubulusinhalt zustande kommt.

Auf Querschnitten sieht man Anschnitte der Sarkotubuli, die die Myofibrillen umkreisen (Abb. 28). Ihre Lage läßt annehmen, daß sie parallel zur Längsachse der Myofibrillen laufen.

Auffallend ist, daß in Höhe des Z-Streifens oft runde Profile von ca. 30 nm Durchmesser angetroffen werden. Sie können keine Teile des T-Systems sein, weil ihre Durchmesser hierfür zu klein sind, die Lumenseite nicht mit einer basalen Membran bekleidet ist und sie sich nicht mit HRP füllen lassen (Abb. 18a, b). Die Befunde an longitudinalen und transversalen Schnitten müssen in der Weise interpretiert werden, daß in Höhe des Z-Streifens ein transversales Röhrchen

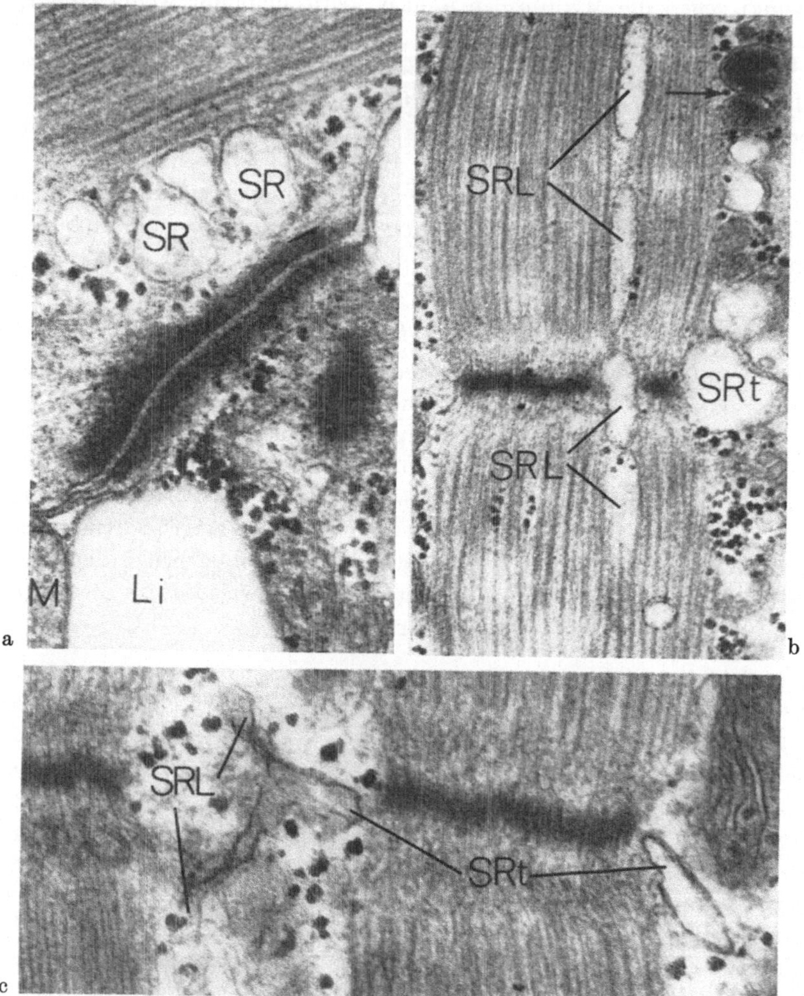

Abb. 17. a) Herz-Haftplatte, darüber Querschnitte der Sarkotubuli (*SR*). Unten ein Fetttropfen (*Li*), einem Mitochondrion (*M*) dicht anliegend. Vergr. 67500:1. b) Longitudinale (*SRl*) und transversale (*SRt*) glatte Sarkotubuli. „Atrial granules" (↗). Vergr. 45000:1. c) Longitudinal verlaufende Sarkotubuli (*SRl*) anastomosieren mit transversalen Sarkotubuli oder Z-Tubuli (*SRt*). Vergr. 40000:1

(Z-Tubulus), in das die longitudinalen Röhrchen des SR einmünden, die Myofibrillen umgibt. Zwischen den Myofibrillen liegen in Höhe des Z-Streifens transversale Tubuli des SR, die die Z-Tubuli miteinander verbinden. Auch in diese Verbindungsstücke münden longitudinale Röhrchen des SR. Z-Tubuli als Teile des SR wurden bereits im Myokard des Ochsens von Simpson (1965) und des Frettchens von Simpson und Rayns (1968) beschrieben. Abb. 19 des Myokards des Ventrikels von *Rana temporaria* stellt die Ausbreitung des SR dreidimensional dar.

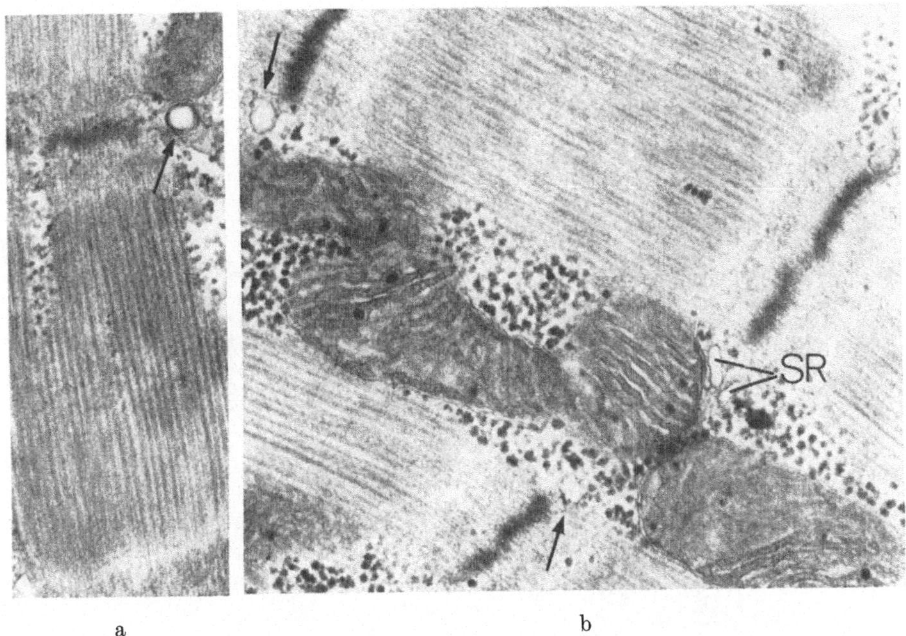

Abb. 18. a) und b) Längsschnitte aus Herzmuskelzellen des Frosches. In Höhe des Z-Streifens Anschnitte der Z-Tubuli (↗). Vergr. a) 40000:1; b) 45000:1

Vereinzelt kann man an den Sarko-Tubuli wandständige Gruppen von Ribosomen beobachten. Abb. 14b gibt das Segment eines zwischen den Myofibrillen liegenden granulären SR wieder, während Abb. 14c ein solches Segment gerade vor dem Einmünden des SR in den perinucleären Raum sichtbar macht. Die Anwesenheit einiger granulärer Segmente in dem größtenteils glatten SR veranlaßte zu der Annahme (Dallner *et al.*, 1966), daß das glatte SR aus granulärem SR entstanden ist.

Im perinucleären Cytoplasma beobachtet man an zahlreichen Stellen den Übergang der Membranen des SR in die äußere Membran der Kernwand (Abb. 14a). Damit kann die Auffassung von Edwards *et al.* (1956) und Porter und Palade (1957) bestätigt werden, daß das SR das ER der Muskelzelle bildet, denn seit Watson (1955) ist bekannt, daß die Kernhülle, d.h. die perinucleäre Zisterne ein Teil des ER ist. Nirgends haben wir den Übergang der Membranen des SR in das Plasmalemm beobachten können.

Die SR-Tubuli weisen unter dem Sarkolemm lokale Differenzierungen auf. Diese haben die Formen abgeplatteter Säckchen oder unregelmäßiger Erweiterungen in Richtung der Längsachse, die meistens parallel zum Sarkolemm verlaufen. Zwischen der Plasmamembran und der Wand des anliegenden SR ist ein Spatium entsprechenden Verlaufs von 15—20 nm Breite (Abb. 7, 8, 20d). Der Inhalt des Säckchens des SR („junctional SR") ist nach Vorfixierung in Glutaraldehyd leicht grau; bisweilen können Granula („junctional granules" von Sommer und Johnson, 1968) im Lumen gesehen werden. Abb. 7 und 20c zeigen die von den genannten Autoren beschriebenen „junctional processes" als Bereiche, in denen

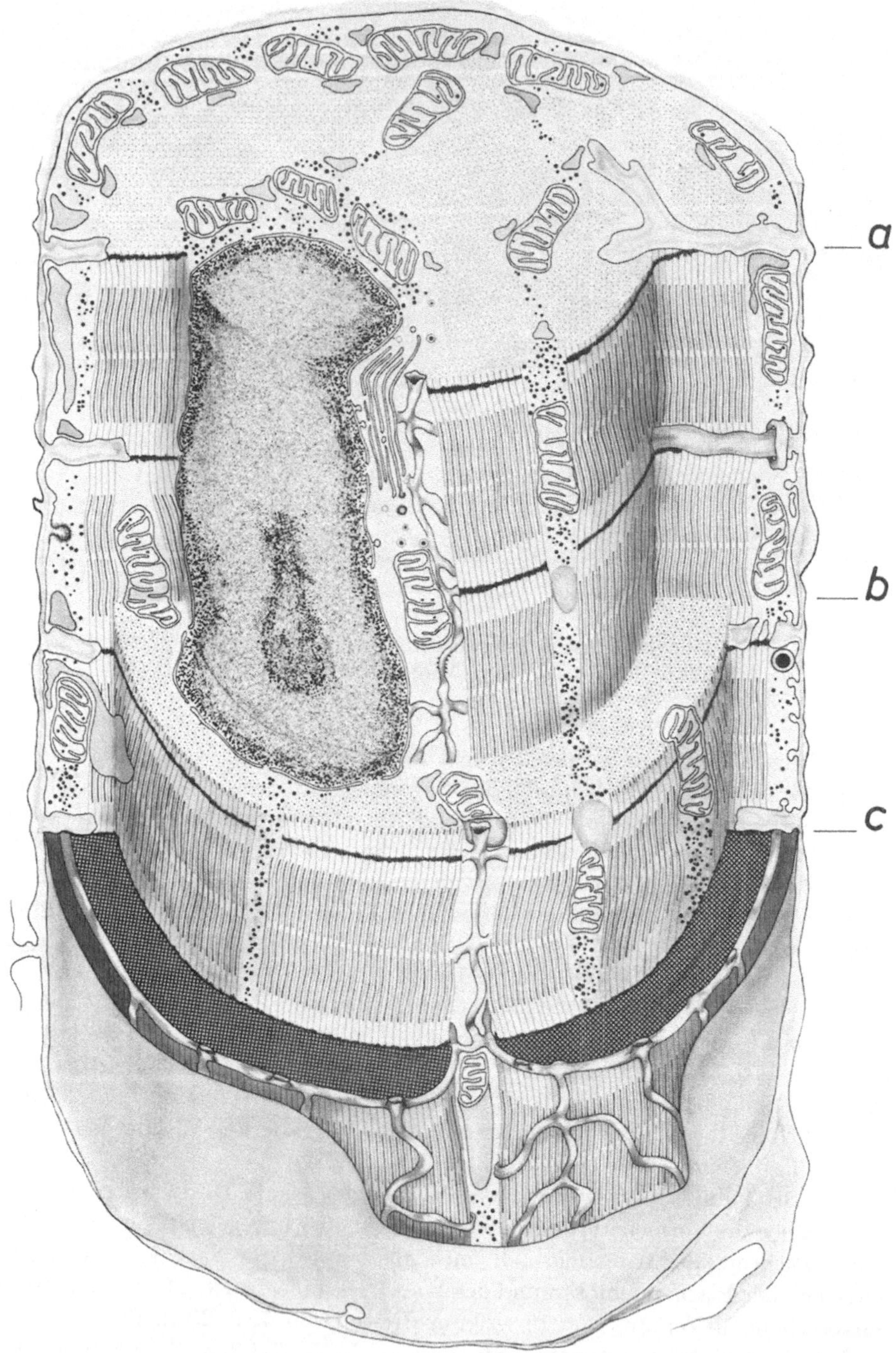

Abb. 19a—c. Dreidimensionale Rekonstruktion nach Bildern von Herzmuskelzellen aus dem Ventrikel des Frosches. Die Figur ist in drei Ebenen quer geschnitten; unten ist ein Fenster im Sarkolemm und dem peripheren Cytoplasma. Auf der transversalen Ebene a) sind Quer-

beide Membranen einander berühren. Ausläufer der subsarkolemmalen Zisternen können tief in der Zelle die Mitochondrien erreichen. Abb. 20b zeigt solch einen Ausläufer des SR, der schalenförmig ein Mitochondrion umfaßt. Diese Koppelungen kann man sowohl in der Nähe des Überganges des T-Tubulus nach dem Sarkolemm (Abb. 20c) als auch tiefer in der Muskelzelle beobachten (Abb. 20a, 21a, b, c). Obwohl diese letzte Koppelung in der Regel in Höhe des Z-Streifens liegt, kann sie auch in Höhe des I-Bandes und selbst in Höhe des A-I-Überganges vorkommen, da T-Tubuli Verzweigungen haben können, deren Verlauf vom Z-Streifen abweicht (Abb. 21d).

Sowohl diese peripheren als auch die internen Koppelungen sind morphologisch mit den „couplings" im Myokard der Mammalia und der Vögel identisch, die von Sommer und Johnson (1968) ausführlich beschrieben wurden. Sie bevorzugen keine besondere Lage bezüglich des Querbandmusters der Muskelzelle. Im Gegensatz zu den Mammalia sahen wir keine Regelmäßigkeit in der Lagerung der Koppelungen, sie können im Myokard von *Rana temporaria* an beliebigen Stellen des Sarkolemms liegen, peripher, am T-Tubuluseingang und entlang dem T-Tubulus.

Bevor erkannt worden war, daß die Wände der T-Tubuli Einstülpungen des Sarkolemms sind, wurden in den Herzmuskelzellen die zwei von einem T-Tubulus und dem SR gebildeten Profile Diaden genannt (in Analogie zu den bei Skeletmuskeln vorkommenden Triaden von Porter und Palade, 1957). Da die verschiedenen erwähnten Lagen der Koppelungen die Lage an den T-Tubuli, also die Diaden, einschließen, können im Prinzip alle Koppelungen Diaden genannt werden.

11. Sarkolemm

Elektronenmikroskopisch hat sich gezeigt, daß das Sarkolemm der Lichtmikroskopie, wo es an Bindegewebsräume grenzt, ebenso gebaut ist wie die meisten Membranen der an den Bindegewebsraum angrenzenden Epithelien und Endothelien. Das heißt, das Sarkolemm besteht aus der Plasmamembran der Muskelzelle und einer Basalmembran. Die Basalmembran ist ein Produkt der ihr anliegenden Zelle (Briggaman *et al.*, 1971). Zwischen beiden Membranen liegt ein dielektronischer Spalt. Dieser kann als Teil der „greater membrane" (Schmitt, 1971) angesehen werden, der z.B. von Enzymen und Substraten der Mucopolysaccharidbildung usw. eingenommen wird (s. auch Ginsburg und Kobata, 1971). Die Plasmamembran selbst stellt sich unter gewissen Voraussetzungen dreischichtig dar, ist aber nach gegenwärtig diskutierten Hypothesen molekularmorphologisch vierschichtig (Sandwich-Modell von Danielli und Davson, 1935; Robertson, 1959) oder zweischichtig entsprechend dem Lipid-Sphaeroprotein-Modell von Singer (1971).

schnitte von Myofibrillen in Höhe des I-Bandes sichtbar, zwischen denen Anschnitte vom SR und Mitochondrien liegen. Rechts verzweigt sich ein transversaler Tubulus. Links ist ein Anschnitt eines anderen transversalen Tubulus zu sehen. Kern und Golgi-Feld sind quer getroffen. In b) führt der Querschnitt durch A-Bänder. In c) sind Sarkolemm, Z-Tubuli und Z-Streifen-Material zu sehen. Durch das Fenster sind die in Z-Tubuli einmündenden Sarkotubuli sichtbar. Subsarkolemmal sind in longitudinalen Schnittebenen links ein „coated vesicle" und rechts ein „atrial granule" dargestellt, beide sind größer als die entsprechenden Strukturen im Golgi-Feld. M: 16000:1

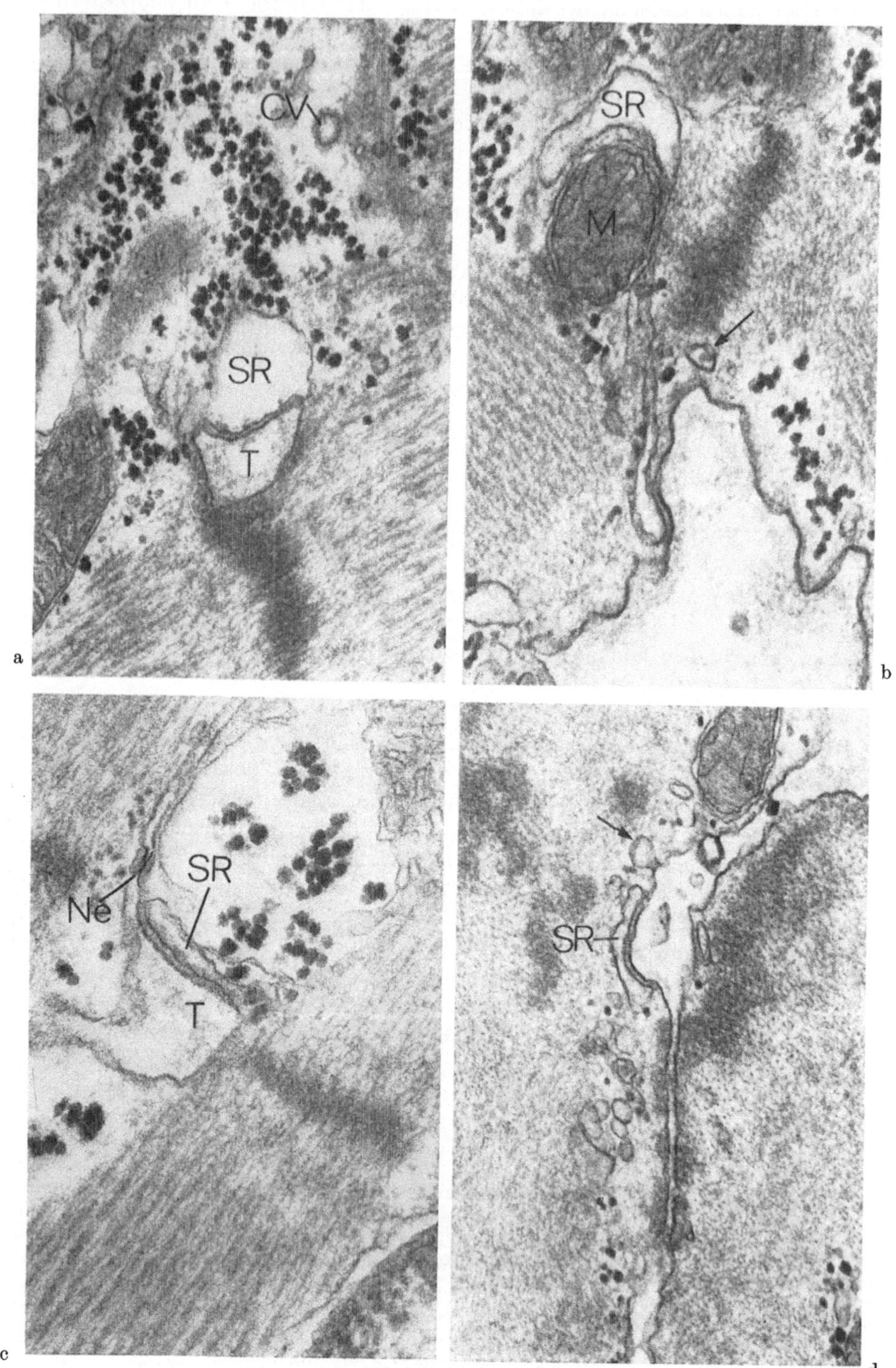

Abb. 20 a—d

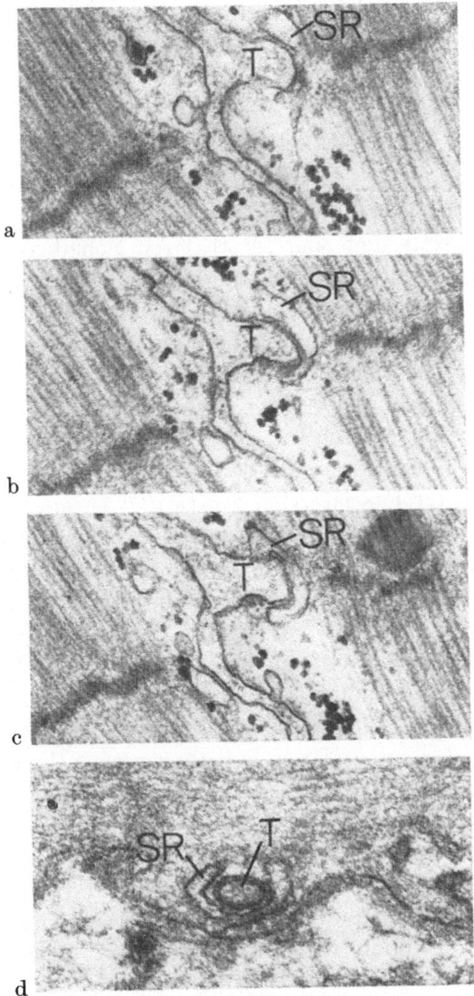

Abb. 21. a—c) Schnittserie zum Nachweis der Formvarianten der Diaden. T-Tubulus (*T*) und SR (*SR*) nach Fixierung mit Glutaraldehyd. d) Nach Fixierung mit Kaliumpermanganat. Vergr. a—c) 44000:1; d) 88000:1

Abb. 20. a) Querschnitt eines T-Tubulus (*T*) mit basaler Membran, sehr dicht anliegend — gekoppelt — ein taschenförmig erweitertes SR: interne Koppelung; „coated vesicle" (*cv*). Vergr. 66000:1. b) Das SR einer peripheren Koppelung steht in engem Kontakt mit einem Mitochondrion (*M*); Z-Tubulus (↗). Vergr. 88000:1. c) T-Tubulus (*T*) mit einer der Wand dicht anliegenden flachen Tasche des SR. Darüber ein sehr kleiner Anschnitt eines Nexus (Ne). Vergr. 44000:1. d) Flache Taschen des SR, dicht dem Sarkolemm anliegend: periphere Koppelung. Mikropinocytotische Einstülpungen (↗) und Bläschen. Vergr. 66000:1

An der Plasmamembran weisen auffallend viele mikropinocytotische Einstülpungen und Bläschen (Abb. 20d) auf einen sehr aktiven Austausch der Myokardzellen mit dem intercellulären Raum.

12. Zellverbindungen[1]

Die Plasmamembran zeigt an vielen Stellen differenzierte Zellverbindungen (cell junctions), wovon die auffallendsten im Herzmuskel — auch beim Frosch — die sogenannten Glanzstreifen oder intercalären Scheiben sind. Beide Bezeichnungen stammen aus der Lichtmikroskopie. Nachdem Eberth (1866) durch Versilberung und Maceration gezeigt hatte, daß der Herzmuskel aus einzelnen Zellen zusammengesetzt ist, brachte erst die Elektronenmikroskopie die Erkenntnis, daß in den Glanzstreifen Zellgrenzen verschiedener Form vorliegen (Van Breemen, 1953; Poche und Lindner, 1955; Price *et al.*, 1955; Moore und Ruska, 1957a; Muir, 1957; Lindner, 1957; Sjöstrand *et al.*, 1958; Muir, 1965). Offenbar besteht der lichtmikroskopisch hervortretende Teil der intercalären Scheibe aus dem, was Elektronenmikroskopiker Fasciae adhaerentes und Desmosomen genannt haben. Die übrigen Bereiche des queren Zellkontaktes werden von zwei nebeneinanderliegenden Zellmembranen (7—8 nm Dicke) gebildet, die lichtmikroskopisch nicht abgrenzbar sind. Die meisten Elektronenmikroskopiker, ebenso die Elektrophysiologen, verstehen unter der intercalären Scheibe den gesamten quer zum Fibrillenverlauf liegenden Zellkontakt (Hoffman und Cranefield, 1960; Sjöstrand *et al.*, 1958; Sjöstrand und Andersson-Cedergren, 1960; Muir, 1965; Fawcett und McNutt, 1969; Weidmann, 1969). Für das Myokard der Mammalia bringt dieser mehrdeutige Begriff der intercalären Scheibe keine Schwierigkeiten, weil hier beinahe die gesamten querliegenden Zellverbindungen Fasciae adhaerentes oder Desmosomen sind, die auch lichtmikroskopisch bequem erkannt werden können. Bei *Rana* ist die Gleichsetzung der intercalären Scheibe mit queren Zellverbindungen nicht angebracht, da größere Teile dort weder Fasciae adhaerentes noch Desmosomen sind[2] und darum erst elektronenmikroskopisch erkannt werden können. Außerdem verbinden bei *Rana* zahlreiche Fasciae adhaerentes und Desmosomen die Zellen mehr lateral als transversal.

Die Fascia adhaerens ist eine Zellverbindung, die beiderseits der intercellulären Spalte eine dunkle Plasmamembran aufweist, der in der Zelle eine dunkle Cytoplasmazone („filamentous mat", McNutt und Fawcett, 1969) anliegt, an der Actinfilamente haften („myofibrillair insertionplaque", Muir, 1965). Im Säugerherz liegen die Fasciae adhaerentes senkrecht zur Myofibrillenachse.

Unter Desmosomen oder Macula adhaerens wird eine lokale Differenzierung von nebeneinanderliegenden Zellmembranen verstanden, denen auf der cytoplasmatischen Seite eine breite Schicht dichten Materials anliegt. In diesem Material wird allgemein eine dichte, parallel zur Plasmamembran verlaufende Linie bzw. Schicht, „dense plaque" (Kelly, 1966), beschrieben. In der Mitte der intercellulären Spalte läuft eine unterbrochene Linie als „intermediate line" (Karrer, 1960).

---

1 Unter Zellverbindungen verstehen wir mit Campbell und Campbell (1971) ausschließlich die peripheren Zellbereiche, die spezifisch zum befestigen und binden dienen.

2 Schweigger-Seidel war 1871 schon aufgefallen, daß im Herz der Amphibien oft keine intercaläre Scheibe sichtbar ist.

Im Ventrikelmyokard des Frosches heften sich die Myofilamente teils nahezu in einem rechten Winkel an die Fascia adhaerens an (Abb. 22b), jedoch kommt es oft vor, daß die Fascia adhaerens schräg zur Myofilamentachse läuft (Abb. 22a, c). Weiter zeigen die Fasciae adhaerentes Merkmale, die charakteristisch sind für Desmosomen: nämlich die „dense plaques" von Kelly (Abb. 22c) und „intermediate lines". Das filamentöse Geflecht einer Fascia adhaerens ist vom dichten Cytoplasmateil eines Desmosoms nicht zu unterscheiden. Dieses und das filamentöse Geflecht einer Fascia adhaerens sahen wir oft lateral kontinuierlich mit Z-Streifen-Material in Verbindung stehen (Abb. 23a, b, c). Darum schließen wir uns dem Vorschlag von Baldwin (1970) an, diese Verbindungen der Herzmuskelzellen unter dem gemeinsamen Namen „cardiac adhaesion plates" bzw. Herz-Haftplatten zusammenzufassen.

Fawcett und Selby (1958) beschrieben bei der Schildkröte und Grimley und Edwards (1960) bei der Kröte Übergangsformen zwischen Desmosomen und Fasciae adhaerentes und folgerten, daß sie hinsichtlich ihrer Entstehung dieselben peripheren Differenzierungen der Zelle sind.

Die von Muir (1957), Challice und Edwards (1960) und Grimley und Edwards (1960) u.a. beschriebene Entwicklung einer Fascia adhaerens bei den Mammalia aus kleinen elektronendichten Streifen an zunächst lateral gegenüberliegenden Plasmamembranen kann eine Erklärung für das Nicht-unterscheiden-können der Desmosomen von Fasciae adhaerentes bei *Rana* geben. Sie kann außerdem eine Erklärung sein für das sowohl laterale als schräge Vorkommen der differenzierten Zellverbindungen. Der von den genannten Autoren beschriebene Entwicklungsgang beginnt mit der Bildung der Desmosomen an den lateralen Zellgrenzen in Höhe des Z-Streifens. Dann folgt das Befestigen der Myofilamente in diesen Desmosomen, und es entsteht die Fascia adhaerens. In der weiteren Entwicklung verschieben sich die Zellen gegeneinander, wahrscheinlich infolge der Scherkräfte, so daß die Zellverbindungen, die erst lateral lagen, endgültig nach einer mehr oder weniger schrägen Position als intercaläre Scheiben querliegen. Ein gleichartiges Geschehen beschrieb Manasek (1970) während der Entwicklung des Myokards des Huhnes. Da beim Frosch die Zellverbindungen meistens schräg oder selbst lateral ausgebildet sind, läßt sich ihre Lage aus dem Entwicklungsgang verstehen, der erst bei den Mammalia zur völlig differenzierten Form geführt hat. Nun wird auch verständlich, warum wir — da doch das Desmosom ein Vorläufer der Fascia adhaerens ist — beim Frosch noch deutlich Merkmale des Desmosoms antreffen.

Der extracelluläre Raum zwischen den beiden dunklen Abschnitten der Plasmamembranen der Herz-Haftplatten ist ungefähr 20—30 nm breit und scheint bisweilen mit einem amorphen, weniger elektronendichten Material gefüllt zu sein, in dem man im Abstand von 25 nm adielektronische, die Plasmamembranen miteinander verbindende Brücken beobachten kann (Abb. 22c). An den einander zugewendeten Zelloberflächen beobachteten wir bisweilen feine, gleichartige Vorsprünge, deren Spitzen in einem Abstand von ungefähr 25 nm lagen (Abb. 22d). Es ist anzunehmen, daß die obengenannten Brücken gleichenden Verbindungen durch zwei gegenüberliegende, einander berührende Vorsprünge gebildet werden. Die Räume zwischen den einander berührenden Spitzen stellen also eine Schicht dar, in der die Außenzonen der „greater membrane" beider Zellen in besonderer Weise miteinander verzahnt sind.

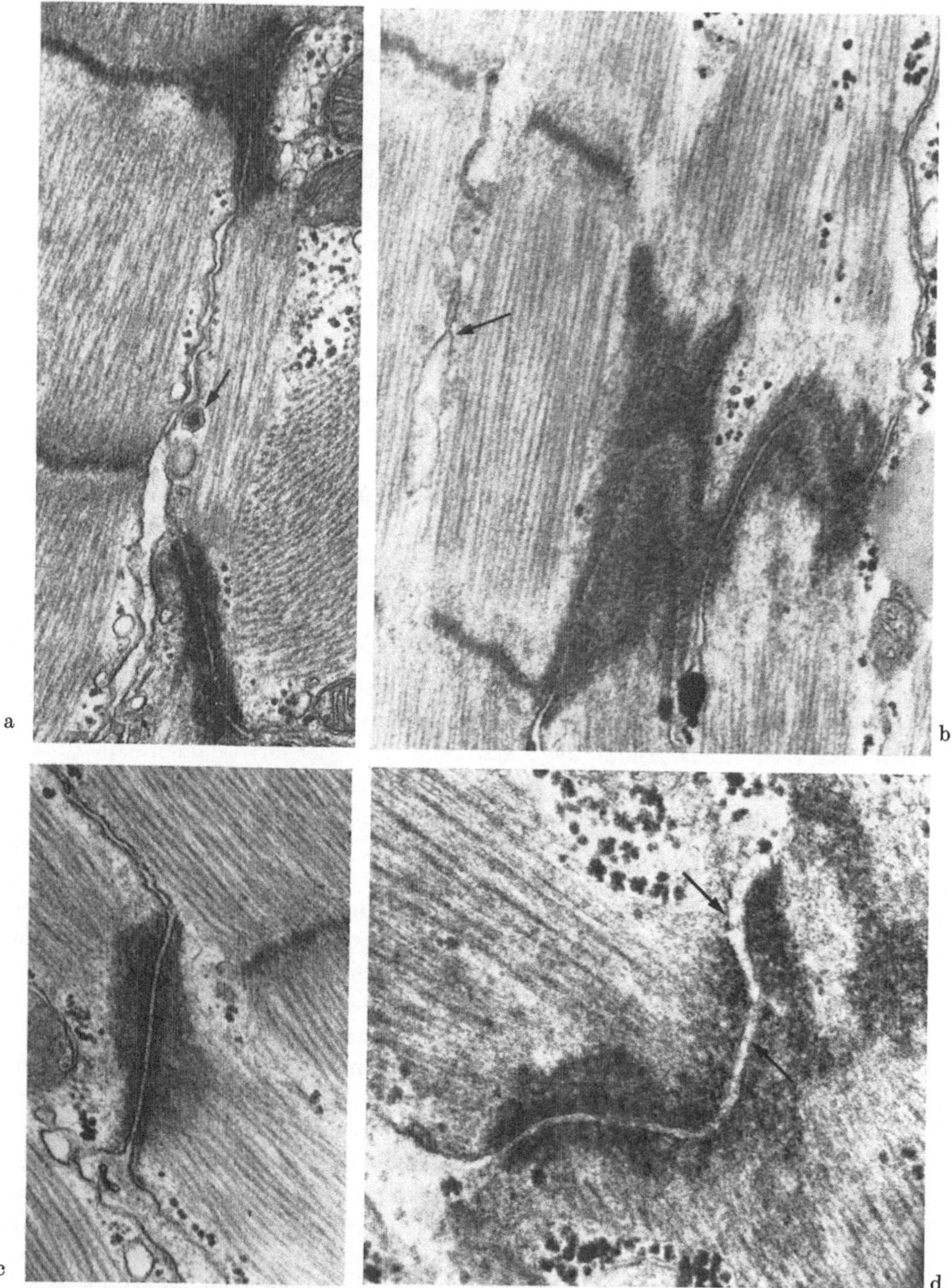

Abb. 22. a) Ausschnitt von drei nebeneinanderliegenden Herzmuskelzellen. Oben: Eine laterale Herz-Haftplatte, deren dunkles Material in den Z-Streifen übergeht und nicht von diesem zu unterscheiden ist. Es hat den Anschein, daß eine Asymmetrie zwischen den beiden Teilen der Zellverbindung vorliegt. Dies ist eine Folge des schrägen Anschneidens dieser Zellverbindung. Unten: Schrägverlaufende Fascia adhaerens. Myofilamente verlaufen bis in die dunkle Cytoplasmazone. ,,Atrial granule" (↗). Vergr. 40000:1. b) Intercaläre Scheibe

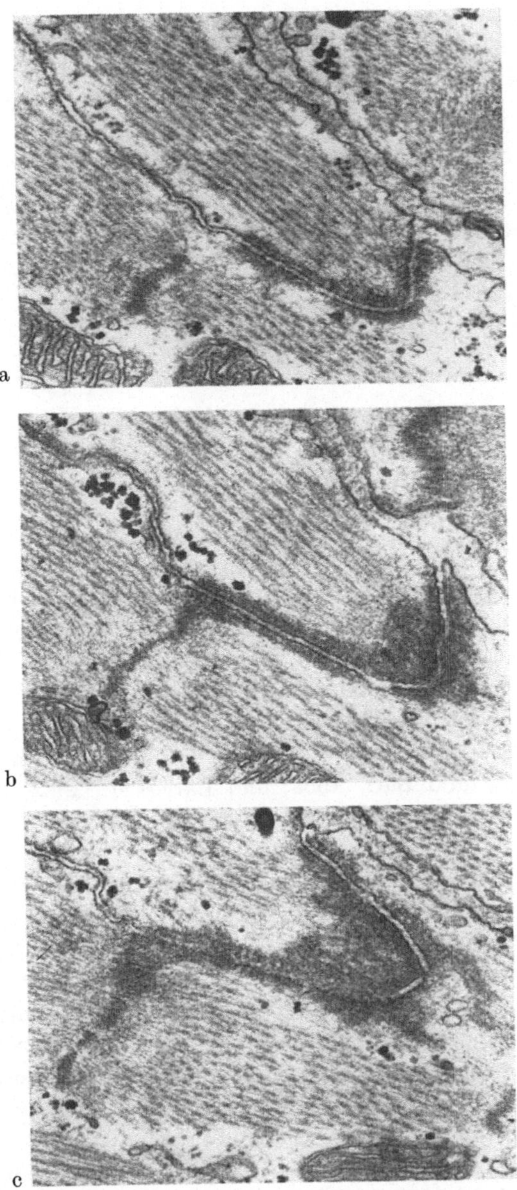

Abb. 23. a—c) Schnittserie zum Nachweis der Kontinuität des filamentösen Geflechts der Fascia adhaerens und des Z-Streifen-Materials. Vergr. 40000:1

mit dichtem filamentösem Geflecht, das unten links in das Z-Streifen-Material übergeht. Links ein longitudinal verlaufender interfibrillärer Sarkotubulus (↗). Vergr. 42000:1. c) Schrägverlaufende Herz-Haftplatte. Parallel zu dem Plasmalemm läuft im Cytoplasma eine dichtere Schicht, in der die Myofilamente enden. Der intercelluläre Spalt zeigt adielektronische Plasmamembranen verbindende feine Brücken. Vergr. 40000:1. d) Querverlaufende Herz-Haftplatte mit Partikeln im intercellulären Raum (↗), deren Spitzen einander berühren. Vergr. 80000:1

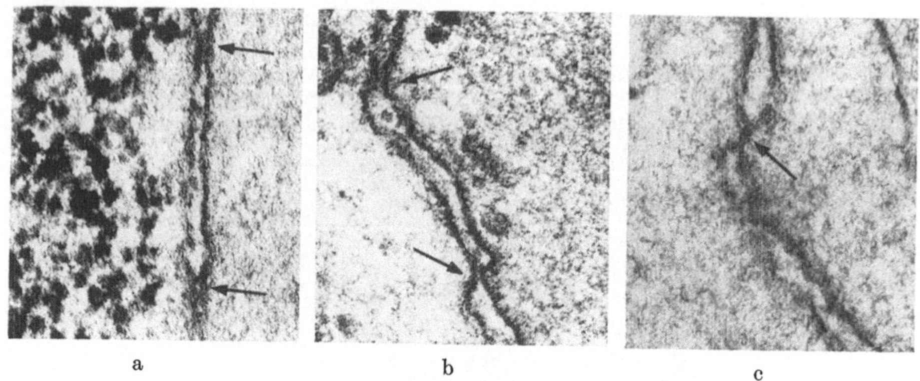

Abb. 24a—c. Nexus. a) und b): „gap junctions" (↗); c): völlige Verschmelzung, „tight junction", der äußeren Zellmembranschichten (↗). Vergr. 80000:1

13. Nexus

Nebeneinanderliegende Zellen weisen außerdem Kontaktbereiche auf, wie sie zuerst von Dewey und Barr (1962) zwischen glatten Muskelzellen der Darmwand des Hundes als „Nexus" beschrieben wurden[3]. Die genannten Autoren meinten, daß im Nexus die äußeren Membranschichten miteinander verschmolzen sind und eine Einheit bilden. Sie rechneten mit der Möglichkeit, daß die Nexus in bezug auf die elektrische Leitung von Zelle zu Zelle eine wichtige physiologische Rolle spielen. Dewey und Barr (1964) und Barr *et al.* (1965) beschrieben später auch Nexusstrukturen entlang der Glanzstreifen zwischen den Haftplatten des Herzmuskels.

Revel und Karnovsky (1967) zeigten am Mäuseherz, daß zwischen den beiden äußeren Membranschichten, die die Nexus bilden, nach Zugabe von $La(OH)_3$ an die Fixationslösung doch noch ein Raum von 2 nm Breite nachweisbar sein kann. Aus diesem Grund unterschieden sie „tight junctions", bei denen eine völlige Verschmelzung — ohne Zwischenraum — der äußeren Zellmembranschichtung vorliegt von „gap junctions", bei denen noch ein Zwischenraum nachzuweisen ist. Das läßt sich gegenwärtig so verstehen, daß in den „gap junctions" die „greater membranes" über „fuzz"- bzw. Flaum-Zonen (Schmitt, 1971) Kontakte herstellen.

Im Myokard des Ventrikels des Frosches sahen wir nach isotonischer Fixation mit $KMnO_4$ Zellverbindungen mit der Struktur der „gap junctions" und der „tight junctions" (Abb. 24a—c). Über kleine Strecken können die Plasmamembranen der einander angrenzenden Muskelzellen einander sehr nahe anliegen oder miteinander verschmelzen. Im Gegensatz zu den stets längs verlaufenden Nexus der Mammalia ist die Lokalisation des Nexus im Ventrikel des Frosches nicht in dieser Weise spezifisch.

3 Karrer (1960) nennt eine solche Membranverschmelzung „pentalaminar junction", Benedetti und Emmelot (1968) „tight junction" und Fawcett (1966) „close junction". Schon früher haben Sjöstrand *et al.* (1958) von diesen als „a layered structure with five layers" berichtet.

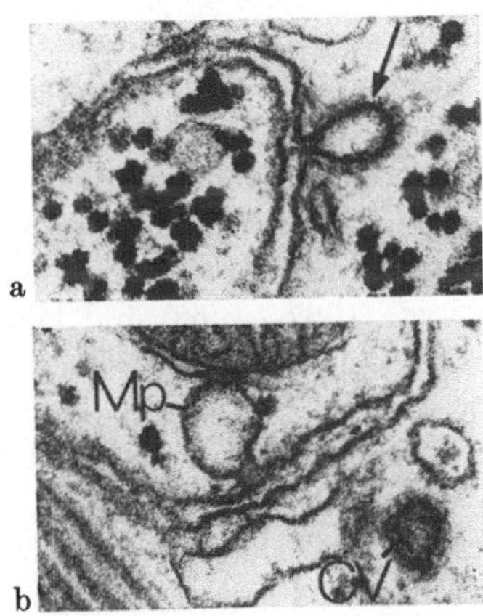

Abb. 25. a) Mit Stacheln besetzte mikropinocytotische Zellmembraneinbuchtung (↗), aus der nach Abschnürung ein „coated vesicle" wird. Vergr. 44000:1. b) Mikropinocytotische Zellmembraneinbuchtung (*Mp*) mit „neck" im Sarkolemm; „coated vesicle" (*cv*). Vergr. 44000:1

Abwechselnd mit speziellen Zellverbindungen werden über große Strecken Plasmamembranen gesehen, die mehr oder weniger parallel zueinander verlaufen und zwischen denen wie bei Epithelzellen der übliche hellere Intercellularspalt (die Flaumzone) liegt. Bisweilen sieht man diese schmalen Spalte in breitere Spatia übergehen, in denen der Plasmamembran eine Basalmembran aufliegt. Die Breite der Flaumzone ist von der Fixation abhängig. Bei Glutaraldehydfixation und Postfixation mit OsO_4 kann diese Zone sehr breit sein (ca. 50 nm). Nach $KMnO_4$-Fixation mit einer Osmolarität von 230 mOsm, d.h. isotonisch liegt zwischen den nichtdifferenzierten Plasmamembranen eine nahezu gleich breite dielektronische Zone von 30 nm. Dort, wo die Plasmamembran nicht an einer differenzierten Zellverbindung beteiligt ist, weist sie viele mikropinocytotische Einbuchtungen (Abb. 25a) und Vesikel von 80—100 nm Durchmesser auf. Die Basalmembran folgt der Plasmamembran nicht in die Vesiculationen.

Bei Fixierung mit OsO_4 oder Glutaraldehyd und Nachfixierung mit OsO_4 wurden mikropinocytotische Einbuchtungen und Vesikel sichtbar, die an der konvexen bzw. cytoplasmatischen Seite mit einer Anzahl von ± 20 nm langen „Stacheln" besetzt sind (Abb. 25b). Gelegentlich wird außer den äußeren Stacheln auch an der Innenseite eine Stachelstreifung beobachtet, die weniger nuanciert ist, da sich die inneren Stachelenden infolge der Krümmung berühren. Die radiale Struktur der inneren und äußeren Bekleidung scheint durch die Plasmamembran der „coated vesicles" hindurchzulaufen. Vollständigkeitshalber muß bemerkt werden, daß sich die Bürstenstreifen bei $KMnO_4$-Fixierung nicht darstellen.

14. Tubuli des transversalen Systems (T-System)

In Längsschnitten kann man eine Festonierung des Sarkolemms beobachten, die in Register mit den Z-Streifen liegt. Solche Einbuchtungen können durch Kontraktion der Myofibrillen entstehen.

Man kann in Längsschnitten außerdem finden, daß das Sarkolemm in Höhe der Z-Streifen eine Invagination bildet, die tief in die Myofibrillenbereiche eindringt

(Abb. 26b). Bei der Untersuchung von Parallelschnitten wird deutlich, daß die Sarkolemminvaginationen in runde bis ovale Räume übergehen (Abb. 26a), die also Anschnitte von T-Tubuli sind. Der Innenraum dieser T-Tubuli kommuniziert mit dem extracellulären Milieu der Herzmuskelzelle.

Die Einmündungsstellen der T-Tubuli sind mitunter in Höhe von aufeinanderfolgenden Z-Streifen im selben Schnitt zu finden, so daß sie in einer Ebene liegen müssen (Abb. 27a). Rayns *et al.* (1967—1968) und Leak (1970) haben in Gefrierätzabdrucken am Herzmuskel der Mammalia die gleiche Anordnung der Einmündung von T-Tubuli gezeigt.

Die Invaginationen der Plasmamembran sind teils weit, teils eng. Es fällt auf, daß sie eng sind, wenn die Muskelzelle kontrahiert ist, wie schon Forssmann und Girardier (1966) im Rattenherzmuskel und Hagopian und Nunez (1972) bei der Fledermaus gezeigt haben. Der Durchmesser beträgt 100—250 nm. Die Plasmamembran, die die transversale Einstülpung bekleidet, weist wie in anderen Bereichen des Sarkolemms mikropinocytotische Einbuchtungen auf. Neben den Invaginationen lassen sich der Plasmamembran anliegende periphere Zisternen beobachten.

Die Abb. 27a—c sind Bilder von drei aufeinanderfolgenden Schnitten. Abb. 27a zeigt mehrere Invaginationen des Sarkolemms in Höhe des Z-Streifens. Unser Interesse gilt der Invagination X. In Abb. 27a ist diese noch kurz, während der Z-Streifen durch unregelmäßig runde Profile unterbrochen wird. Beim Vergleich der Sarkomere zu beiden Seiten des Z-Streifens der Invagination X mit den Sarkomeren, die rechts von X liegen, kann man erkennen, daß die peripheren Myofilamente auf diesem Schnitt fast vollzählig bis zum Z-Streifen durchlaufen. In Abb. 27b ist die obere Invagination X bereits tiefer, während die sarkolemmnahen Myofilamente in Höhe der oberen Invagination X die Ebene des Schnittes teilweise verlassen. In Abb. 27c reicht die obere Invagination X nahezu bis zur Hälfte in die Muskelzelle und erreicht dort den tief in der Zelle liegenden Teil des Z-Streifens. Ein erheblicher Teil der sarkolemmnahen Myofilamente von Abb. 27a hat jetzt in Abb. 27c die Ebene des Schnittes verlassen und liegt folglich über oder unter dieser Invagination. Also dringt die Invagination X des Sarkolemms tief in den contractilen Bereich ein. Der T-Tubulus ist nicht an allen Stellen gleich breit, er zeigt Einschnürungen und Erweiterungen (Abb. 27c). Oft hat sich gezeigt, daß T-Tubuli in Höhe der Mündung in den extracellulären Raum schmaler werden (Abb. 26b).

In Querschnitten sind T-Tubuli bisweilen ebenfalls tief in der Muskelzelle sichtbar. Die Ebene des Schnittes verläuft nie genau quer über eine Z-Ebene, wodurch die verschiedenen Teile der Sarkomere in der Zelle nacheinander getroffen werden. Abb. 28 läßt eine Verzweigung des T-Tubulus erkennen. Wieder ist das Lumen mancher T-Tubuli am Eingang am schmalsten und verbreitert sich nach innen (Abb. 29).

Eine Bildübersicht aus dem epikardialen, mit HRP behandelten Gebiet, zeigt elektronendichtes Reaktionsprodukt in den intercellulären Räumen (Abb. 30b, c). Ebenso wie im Endo- und Epikard sind auch im Myokard mit HRP gefüllte mikropinocytotische Membraneinbuchtungen und Vesikeln sichtbar. Daneben sind oft in Höhe des Z-Streifens größere, HRP-markierte Profile sichtbar. Die Abb. 30b läßt erkennen, daß die HRP in Höhe des Z-Streifens oder in dessen

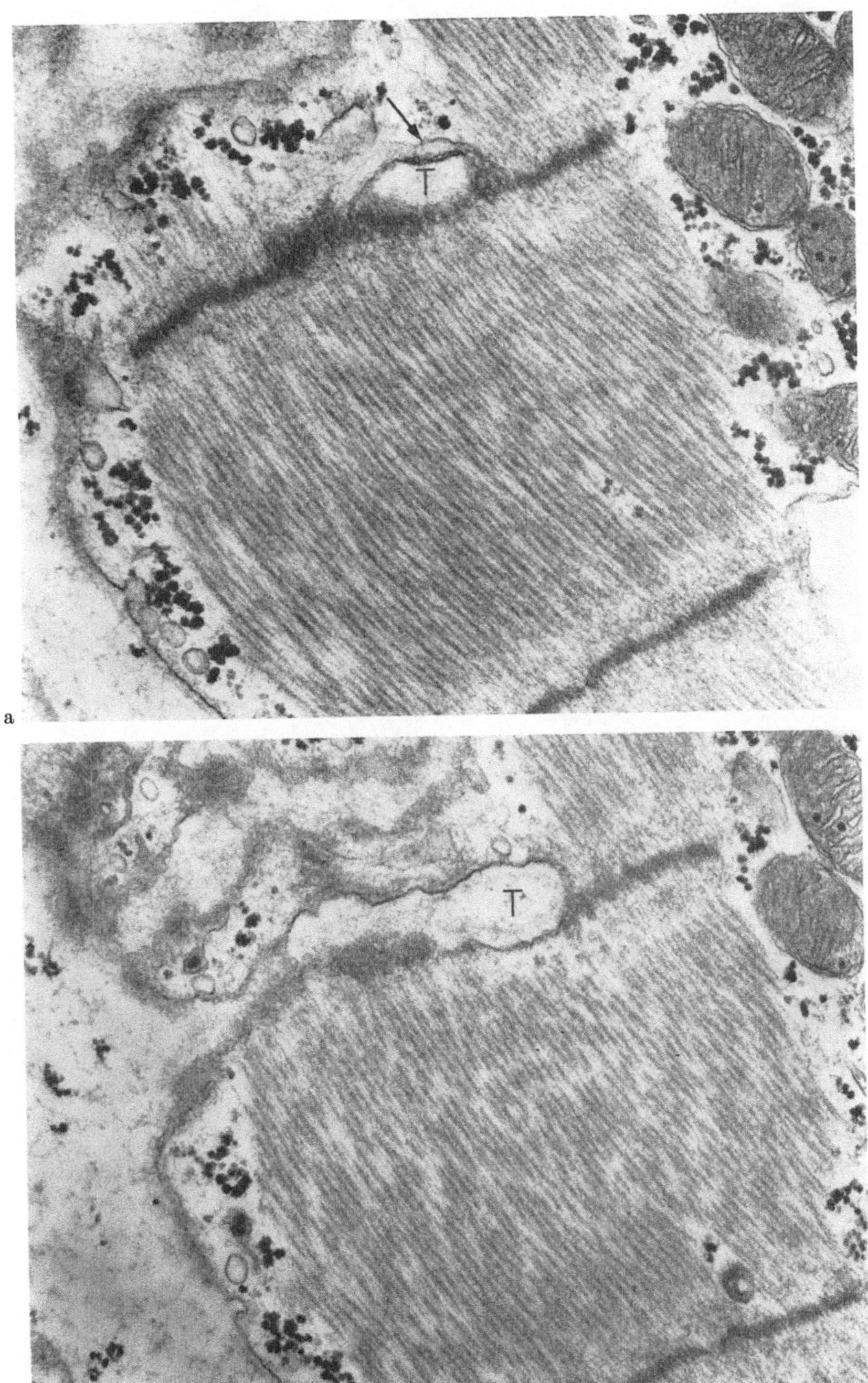

Abb. 26a u. b. Parallelschnitte im Ventrikelmyokard des Frosches. In a) ist ein ovales Profil in Höhe des Z-Streifens sichtbar, dicht anliegend ein Tubulus des SR (↗). Der Parallelschnitt in b) zeigt, daß das ovale Profil in a) ein Anschnitt des T-Tubulus ist. Vergr. 44000:1

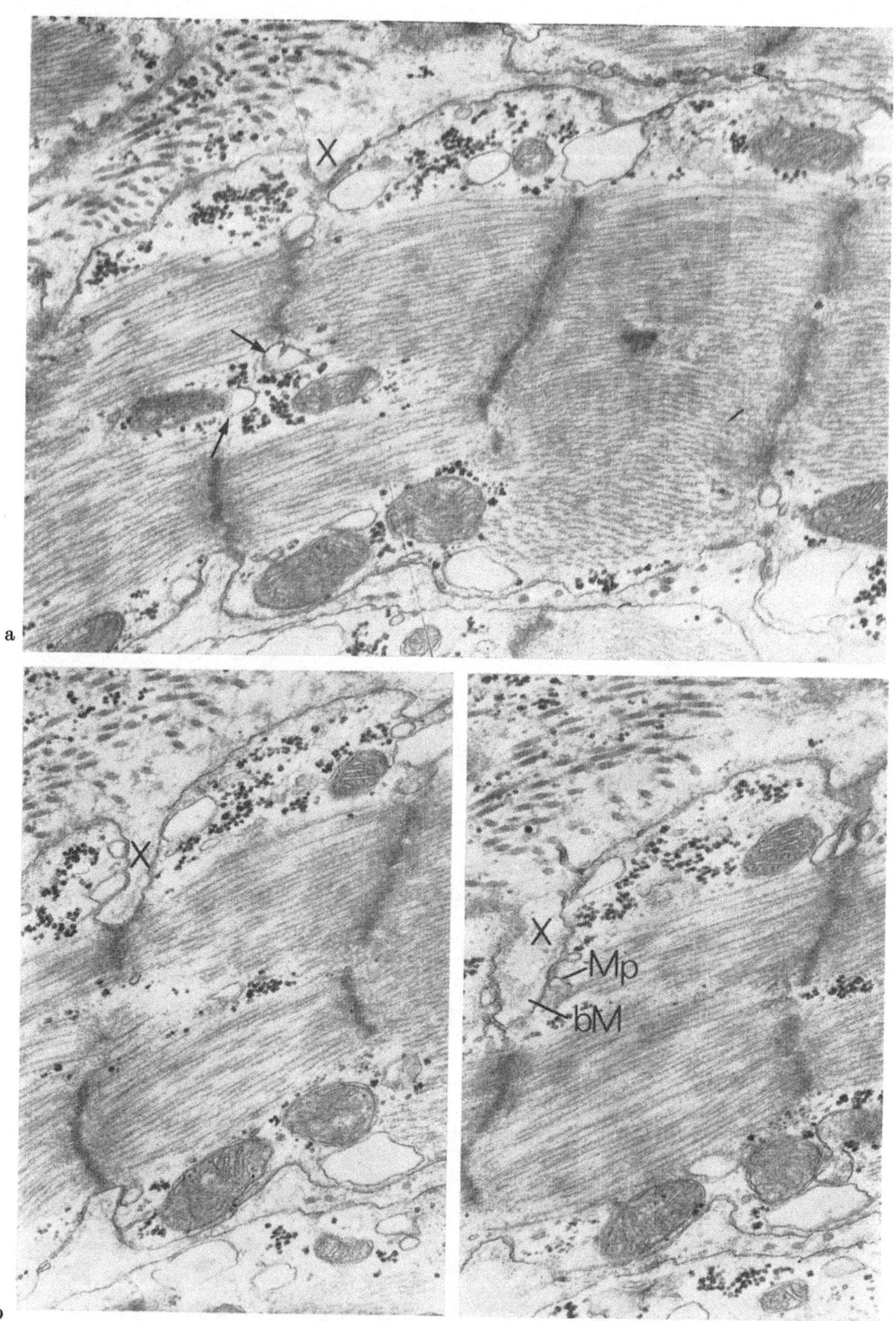

Abb. 27a—c. Die Abb. a, b, c sind Bilder von drei aufeinanderfolgenden Schnitten. a) zeigt von zwei Seiten her mehrere Invaginationen des Sarkolemms in Höhe des Z-Streifens. In a) ist die Invagination X noch kurz, während der Z-Streifen durch runde Profile unterbrochen wird (↗). In b) ist die Invagination X bereits tiefer, während in c) die Invagination X nahezu bis in die Hälfte der Muskelzelle eindringt, weil ein großer Teil der sarkolemmnahen Myofilamente die Ebene des Schnittes verlassen hat. Basale Membran (*bM*); mikropinocytotische Zellmembraneinbuchtungen (*Mp*). Bemerkenswert ist die unregelmäßige Breite der T-Tubuli. Vergr. 30000:1

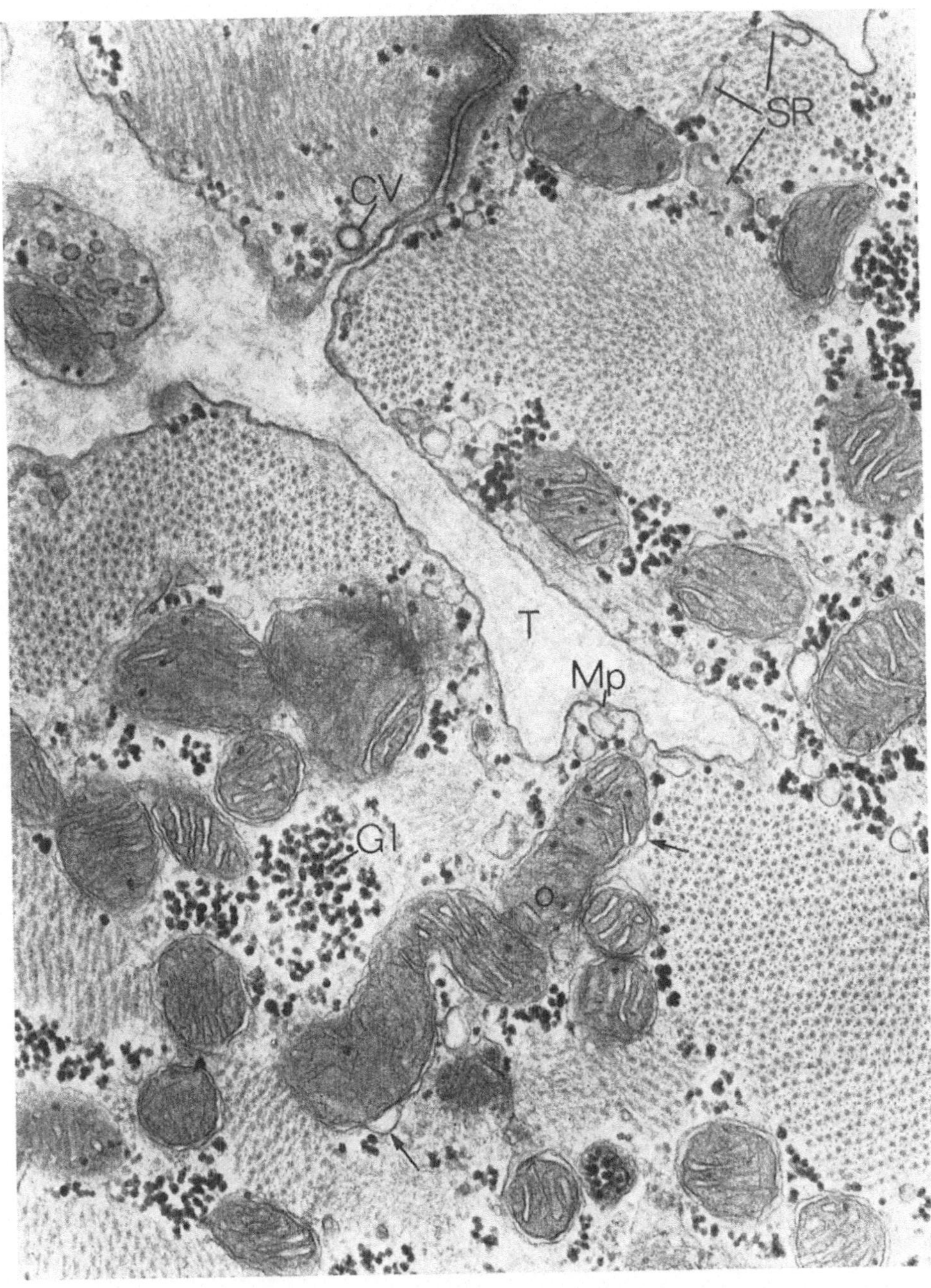

Abb. 28. Ein T-Tubulus (*T*) mit Verzweigung, ausgekleidet mit einer basalen Membran. Das Sarkolemm weist mikropinocytotische Membraneinbuchtungen (*Mp*) auf. Komplizierter Verlauf von Sarkotubuli (*SR*), die oft den Mitochondrien nahe anliegen (↗). Glykogengranula (*Gl*); „coated vesicle" (*cv*). Rechts oben: Anschnitte des SR umkreisen die Myofibrillen. Vergr. 44000:1

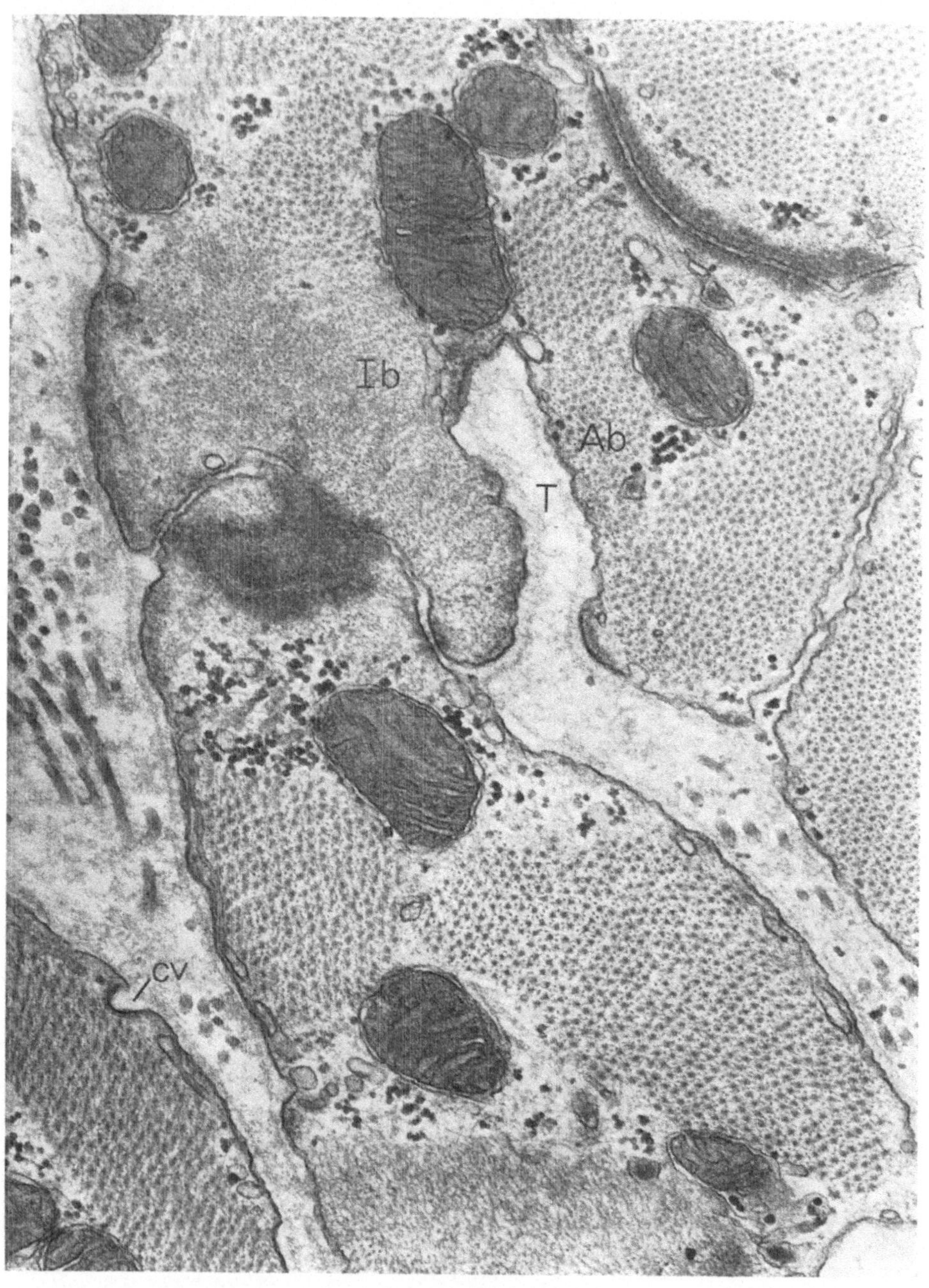

Abb. 29. Schräg-Quer-Anschnitt von Ventrikelmyokardzellen des Frosches. T-Tubulus (*T*) ausgekleidet mit einer basalen Membran. Dort, wo das Sarkolemm aus der Peripherie invaginiert, um die Wand des T-Tubulus zu bilden, ist der T-Tubulus am schmalsten. An der einen Seite des Tubulus A-Band-Material (*Ab*); an der anderen Seite I-Band- (*Ib*) und Z-Streifen-Material. Mehrere Koppelungen und links unten Einstülpung eines „coated vesicle" (*cv*). Vergr. 44000:1

Abb. 30a—d. HRP-Reaktion im Ventrikelmyokard. a) Longitudinal (*lT*) und transversal (*tT*) verlaufende Teile des T-Systems. Vergr. 15000:1. b) Sarkolemmeinbuchtungen und HRP-Reaktion zeigende Profile des T-Systems zwischen den Myofilamenten. Vergr. 20000:1. c) Tangentialer Anschnitt eines T-Tubulus, markiert mit dichtem Reaktionsprodukt. Vergr. 15000:1. d) Fragment aus einem Ventrikelmyokard nach Injektion hypertonischer HRP-Lösung. Dichtes Reaktionsprodukt im intercellulären Raum (↗) und in einem erweiterten Profil des T-Systems (*T*). Die Myofibrillen sind nach Einwirkung hypertonischer Lösung relaxiert. Vergr. 20000:1

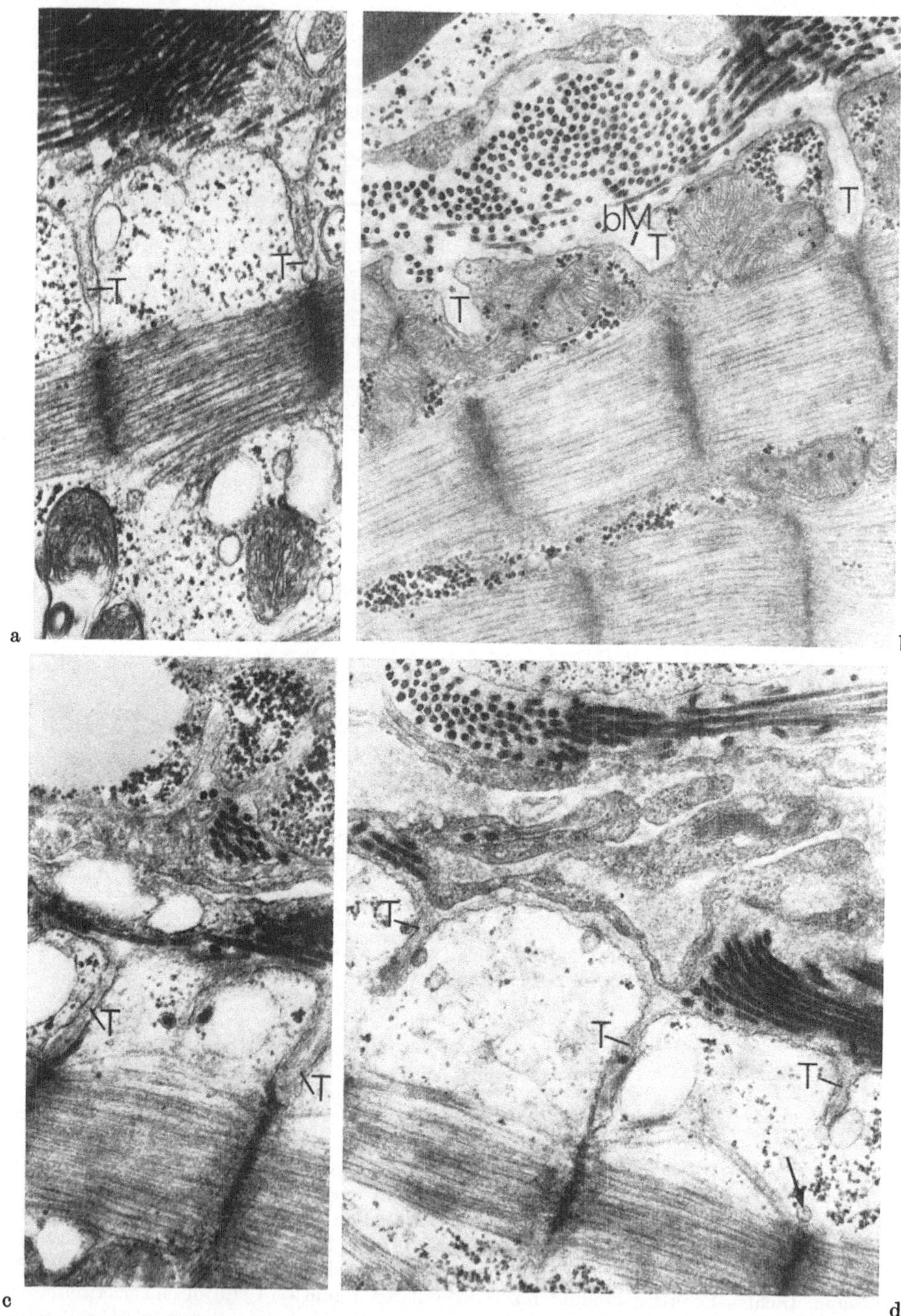

Abb. 31a—d. Myokard von Rana mit Lanthan behandelt. a), c), d) Durch Kontrastierung der Grundsubstanz dunkle extracelluläre Räume, die sich in T-Tubuli (*T*) in Höhe der Z-Streifen fortsetzen; b) nach Ausspülen des Lanthans ist der extracelluläre Raum, verglichen mit dem Cytoplasma, hell. Das Lanthan kontrastiert speziell Kollagen und die basale Membran (*bM*); d) in der Mitte ein Längsschnitt eines tiefen T-Tubulus. An der nächsten Sarkomergrenze rechts ein angeschnittener T-Tubulus sowie dessen Querschnitt (↗). Vergr. a) 15000:1; b) 30000:1; c) 30000:1; d) 30000:1

Nähe in die T-Tubuli eindringt. Ebenso beobachten wir inmitten des contractilen Bereichs runde und ovale, mit Markierungssubstanz gefüllte Profile, die Anschnitte von T-Tubuli sind (Abb. 30c, d). In Höhe eines Z-Streifens kann man auch mehrere durch HRP markierte Profile finden. Diese können entweder Anschnitte eines sich verzweigenden oder eines sich windenden T-Tubulus sein (s. auch Forssmann und Girardier, 1970).

Neben den bisweilen schräg verlaufenden Verzweigungen eines T-Tubulus sehen wir auch longitudinale Verzweigungen (Abb. 30a), wie sie von vielen Autoren im Myokard der Mammalia beobachtet worden sind (Nelson und Benson, 1963; Forssmann und Girardier, 1966, 1970; Simpson und Rayns, 1968; Sperelakis und Rubio, 1971). Öffnungen zwischen T-Tubuli und Sarko-Tubuli, wie sie Forssmann und Girardier (1966) im Rattenherz beschreiben, konnten wir nicht beobachten. In den inneren Wandbereichen der Hauptkammer, deren Arbeitsmuskelzellen meistens einen, verglichen mit den äußeren Bereichen, kleinen Durchmesser haben, sind kaum einige HRP-markierte Profile zu sehen. Dieses Ergebnis bestätigt, daß das T-System bei breiteren Zellen gut nachweisbar und auch bei schmaleren Zellen vereinzelt vorhanden ist, hier aber nur wenig tief in die Muskelzelle eindringt.

In den Präparaten, die mit Lanthan behandelt wurden, war der extracelluläre Raum dunkel kontrastiert (Abb. 31a, c, d). In Höhe des Z-Streifens fanden sich tiefe T-Tubuli. Runde Profile, die Lanthan aufgenommen haben, zeigten bei Serienschnitten Kontinuität mit Sarkolemm-Invaginationen. Nach Behandlung der Schnitte mit wäßrigem Uranylacetat, in dem das Lanthan aufgelöst wird, erscheinen extracelluläre Räume und die Lumen der T-Tubuli hell (Abb. 31b).

Diskussion

I. Balkenwerk der Kammer

Der lichtmikroskopische Aufbau der Kammermuskulatur des Froschherzens „... dieses vielfältig sich verflechtende und überkreuzende Maschenwerk ..." wurde ausführlich von Benninghoff (1921, l.c. 364) beschrieben. Das Balkenwerk der Kammer ist mit der äußeren Schicht der Ventrikelwand, der Corticalis, die stellenweise sehr dünn ist, verbunden. Das Blut fließt von der Hauptkammer durch die intertrabeculären Hohlräume in das Lumen von „Nebenkammern" bis dicht an das Epikard heran. Dies ist bei diesem Tier die einzige Blutversorgung des Myokardventrikels. Die Blutgefäße des Sulcus atrioventricularis versorgen bei *Rana* lediglich den Bulbus cordis, nicht das Ventrikelmyokard (Grant und Regnier, 1926). Wir finden diese Auffassung durch Befunde bei *Rana temporaria* bestätigt.

II. Endokard

Die Struktur des Endokards stimmt mit dem über das vasculäre Endothel allgemein Bekannten überein; die Zellen, deren spindeligen Kerne in weiten Abständen voneinander entfernt liegen, sind dünn abgeplattet. Jede Zelle liegt der Nachbarzelle mit einer speziellen Verbindung dicht an, die bisweilen mit Kontaktpunkten versehen ist. Die zahlreichen Vesikel von relativ einheitlicher Größe (70—100 nm) zeigen, daß im Endokard des Frosches Transportfunktionen im

Sinne der Cytopempsis ablaufen (Moore und Ruska, 1957a; Wissig, 1958; Palade, 1961; Staubesand, 1965). Eine Fensterung fehlt.

Aus physiologischen Daten wurde geschlossen, daß große Moleküle durch zwei Klassen von Poren (Porenweite 9 nm und 40—70 nm) das vasculäre Endothel durchdringen (Landis und Pappenheimer, 1963). Der Nachweis von intravenös injiziertem Ferritin in zahlreichen Bläschen der Endothelzellen ließ annehmen, daß es sich bei diesen Vesiculationsvorgängen um die postulierten großen Poren handelt (Bruns und Palade, 1968b).

HRP wurde für Versuche verwendet, mit denen die kleinen Poren nachgewiesen werden sollten. Untersuchungen von Karnovsky und Cotran (1966) ergaben beim Mäuseherz, daß HRP über mikropinocytotische Vesikel und über die intercellulären Verbindungen im Endothel von der Blutbahn aus den pericapillären Raum erreicht. Unsere Beobachtungen stimmen hiermit überein. Der Durchgang dieses Enzyms erfolgt also auf zwei verschiedenen Wegen. Die intercelluläre Spalte wird als das morphologische Äquivalent eines engen Porensystems betrachtet, während die endothelialen Vesikel sich als das weitporige System der Physiologen erweisen (Karnovsky, 1967; Bruns und Palade, 1968a, b). Es liegt auf der Hand, daß für einen Stoff, der über einen schmalen Weg transportiert werden kann, auch der breitere gangbar ist. Schon Fedorko und Hirsch (1971) haben festgestellt, daß der Transport von HRP nicht auf eine der beiden Passagen beschränkt ist.

Stehbens und Meyer (1965) sahen den Ventrikel des Froschmyokards (*Hyla caerulea*) mit Endothelzellen bekleidet, zwischen denen sehr große, bis 8 μm breite Lücken erschienen. Nach ihrer Beobachtung fehlt die Basalmembran. Wir haben bei der von uns verwendeten Froschart (*Rana temporaria*) weder Endothelporen im Sinne der Physiologen noch Lücken zwischen Endokardzellen gesehen. Es finden sich lediglich „Spalten" von ca. 25 nm Breite entlang der endothelialen Verbindung. Stets wurde eine kontinuierliche Basalmembran beobachtet. So schließen wir uns den Angaben von Lindner (1957), Kisch (1961), Staley und Benson (1968) und Sommer und Johnson (1969) an, die von keiner Fensterung im Endokard oder von Lücken in der Basalmembran beim Frosch berichteten.

III. Intercellularraum

Die Breite der Spalten zwischen den Myokardzellen wechselt und ist außerdem stark von der Präparationstechnik abhängig. Das Ausmaß der Spalte kann sich während der Fixation durch kleine Abweichungen der Isotonie der Fixations- oder Spüllösung oder bei Abweichungen der divalenten Ionenkonzentration dieser Lösungen ändern (Muir, 1967).

Die Räume zwischen den Myokardzellen, die mit den subendothelialen und den subepikardialen Räumen zusammenhängen, enthalten zahlreiche Nervenfasern. Diese liegen subendothelial, subepikardial und intramural. Die intramuralen Fasern sind die dünnsten. Wir haben, da wir uns auf das Ventrikelmyokard beschränkten, nur myelinfreie Nervenfasern beobachtet. Ihr „Axoplasma" enthält Neurofilamente, Neurotubuli und einige kleine Mitochondrien; terminal liegen Trauben leerer und granulärer synaptischer Bläschen, die auch in Varicositäten von Axonen gesehen werden.

Schon lichtmikroskopisch wurden fein verteilte Nervenfasern im Myokard von *Rana* nachgewiesen (Gerlach, 1876, u.a.) und später elektronenmikroskopisch bestätigt (Ruska, 1964; Rybak *et al.*, 1966; Thaemert, 1966; Staley und Benson, 1968; Sommer und Johnson, 1969, u.a.).

Rybak *et al.* (1966) zeigen — und damit stimmen wir überein —, daß Nervenenden im Myokard von *Rana* sowohl agranuläre als auch granuläre Vesikel enthalten können. Es gilt als erwiesen, daß leere synaptische Bläschen Speicher von Acetylcholin sein können, während die granulären Bläschen biogene Amine enthalten (de Robertis, 1964; Pellegrino de Iraldi *et al.*, 1971). Virágh und Porte (1961) und Bozner *et al.* (1966) fanden in Nervenenden des Rattenherzens granuläre Vesikel. Angelakos *et al.* (1963) haben mit der Fluorescenz-Methode im Myokard des Kaninchens und des Meerschweinchens Catecholamin enthaltende Nervenenden nachgewiesen. Wolfe *et al.* (1962) haben autoradiographisch und elektronenmikroskopisch gezeigt, daß der elektronendichte Kern der granulären Vesikel Noradrenalin führt. Es ist jedoch nicht auszuschließen, daß granuläre Bläschen nach Abgabe ihres Kernes als leere Bläschen zu sehen sind (Rybak *et al.*, 1966; Burnstock und Iwayama, 1971). Thaemert (1966) nimmt an, daß die Ergebnisse der bisher ausgeführten elektronenmikroskopischen, autoradiographischen und fluorescenzmikroskopischen Untersuchungen dazu berechtigen, auf Grund der Anwesenheit von leeren oder kernhaltigen Bläschen die sympathischen von den parasympathischen Nervenfaserenden zu unterscheiden. Danach wären im Froschherzen sowohl cholinergische als auch adrenergische Nervenfaserenden vorhanden. Dieser histologische Befund stimmt mit dem Ablauf der Vorgänge im autonomen Effektorsystem überein (s. z.B. Ruska und Ruska, 1961). Interessant ist, daß der Ventrikel des Myokards bei *Rana* keine Blutgefäße hat und daß die Nervenfaserenden deshalb für eine vasculäre Innervation nicht verantwortlich gemacht werden können (s. weiter Schiebler und Winckler, 1971).

Der intercelluläre Raum ist ein offener Weg für die Penetration von Wasser und kleinen Ionen (Landis und Pappenheimer, 1963). Unsere Befunde mit HRP zeigen, daß die schmalen Spalten zwischen den nicht differenzierten Zellmembranen für Wasser und darin gelöste Proteine passierbar sind und daß dort entlang diese Stoffe bis zu den Muskelzellen vordringen können. Das bedeutet nicht, daß die Passage aller Stoffe über diesen Weg unlimitiert ist. Die Basalmembran dürfte an der Kontrolle des Stoffaustausches beteiligt sein (s. Bennett, 1963; Bargmann, 1967).

IV. „Coated vesicles"

In Herzmuskelzellen des Frosches haben wir häufig „coated vesicles"[4] (Rosenbluth und Wissig, 1964) beobachtet, und dies sowohl an der Peripherie der Zelle nahe dem Sarkolemm wie in der Mitte der Zelle, nämlich im Golgi-Feld.

„Coated vesicles" sind in mehreren Geweben der Vertebraten zu finden (Roth und Porter, 1964; Friend und Farquhar, 1967; Bruns und Palade, 1968a). In Muskelzellen werden sie nicht oft gesehen. In Myoblasten der Ratte wurden sie

4 Gleichartige Vesikel sind schon von Gray (1961) als „complex vesicles", von Brightman (1962) als „dense rimmed vesicles", von Palay (1963) als „alveolate vesicles", von Roth und Porter (1964) als „bristle coated vesicles" und von Wolfe (1965) als „acanthous vesicles" oder „acanthosomes" beschrieben worden.

von Heuson-Stiennon (1965) als Vorläufer des Z-Streifen-Materials interpretiert. Auch sind „coated vesicles“ als Invagination des Sarkolemms und im Golgi-Feld im Papillarmuskel des Ventrikels der erwachsenen Katze von Fawcett und McNutt (1969) beobachtet worden. Crossley (1972) beobachtete bei *Calliphora erythrocephala* nach der Bildung des Pupariums „coated vesicles“ am Sarkolemm der intersegmentalen Muskeln. Er brachte sie in Verbindung mit der Aufnahme von Makromolekülen aus der Hämolymphe, die zur Wiederherstellung des Muskelapparates notwendig sind.

Roth und Porter haben auf Grund ihrer Befunde über die Aufnahme von Dotterproteinen bei Oocyten der Insekten (1962, 1964) und über den Einbau von Albumine konjugiertem Ferritin in Leberzellen (1962) den „coated vesicles“ eine spezifische Funktion bei der selektiven Aufnahme von Stoffen (Proteinen oder eventuell Nicht-Proteinen) zugedacht. Arbeiten anderer Untersucher weisen ebenfalls auf die Bedeutung von „coated vesicles“ bei der Aufnahme von Proteinen hin (Friend und Farquhar, 1967).

Obgleich es möglich ist, daß die HRP die mikropinocytotische Aktivität sowohl in der Endothelzelle wie in der Muskelzelle stimuliert, ist das Vorkommen der „coated vesicles“ auch ohne Zugabe fremder Proteine zu beobachten. Die „coated“ mikropinocytotischen Bläschen können an der normalen metabolischen Funktion beteiligt sein, d.h. an der Aufnahme und der intracellulären Verarbeitung des makromolekulären Materials aus der unmittelbaren Nähe der Zelle (Crossley, 1972). Möglicherweise sind in der normalen Herzmuskelzelle die „coated“ mikropinocytotischen Vesikel, von Fawcett und McNutt (1969) im Myokard der Katze und die von uns im Ventrikel bei *Rana* beobachteten, an der Aufnahme von Proteinen aus dem extracellulären Raum beteiligt.

Im Golgi-Feld sahen wir neben den glatten Golgi-Bläschen unterschiedlicher Größe einige Bläschen mit Bürstenstreifen von ungefähr 40—50 nm Durchmesser. Diese sind also deutlich kleiner als die etwa 100 nm messenden „coated“ mikropinocytotischen Vesikel.

Friend und Farquhar (1967) zeigten, daß die „coated“-Vesikel des Golgi-Feldes vom Ductus deferens lytische Enzyme enthalten. Die „coated“-Vesikel im Golgi-Feld der Herzmuskelzelle könnten eventuell ebenfalls als primäre Lysosome fungieren.

V. Kontaktstrukturen (Nexus und Zellverbindungen)

Eine Erregung der Skeletmuskelfaser bleibt auf diese durch ihr Sarkolemm allseitig geschlossene Faser beschränkt. Dagegen breitet sich die Erregung einer Herzmuskelzelle von Zelle zu Zelle weiter aus. Der Befund, daß das Myokard aus getrennten Zellen aufgebaut ist (Poche und Lindner, 1955; Lindner, 1957; Moore und Ruska, 1957a; Sjöstrand *et al.*, 1958; Muir, 1965), bezieht sich nur auf eine Trennung der Zellen durch die Plasmamembranen, nicht aber durch ein geschlossenes Sarkolemm. Wie die intercelluläre Erregungsleitung über Plasmamembranen geschieht, ist nicht völlig geklärt. Bekannt ist jedoch, daß die Übertragung der Erregung entlang den Wegen mit dem geringsten elektrischen Widerstand erfolgt (s. Weidmann, 1969). So ist verständlich, daß Zellverbindungen und Nexus, welche morphologisch die Zellen zwar getrennt lassen, sie jedoch z.T.

mechanisch verbinden und offenbar z.T. elektrophysiologisch koppeln, besondere Beachtung finden.

Barr *et al.* (1965) haben mit der „sucrose gap"-Methode bei Erhöhung der Osmolarität des Immersionsmediums im Myokard des Frosches beobachtet, daß, sobald die Nexus auseinanderweichen, die Erregungsleitung abnimmt, dagegen bei Rückkehr zur physiologischen Lösung die Nexus sich wieder herstellen und die Erregungsleitung normalisiert wird. Viele Untersucher erhoben Argumente, die sich der Ansicht, daß die Nexus die Stellen der Erregungsübertragung im Herzmuskel sind, anschließen (Dreyfuss *et al.*, 1966; Kawamura und Konishi, 1967; Kriebel, 1968; McNutt, 1970).

Im Herzen der Mammalia liegen die Nexus in den longitudinalen Teilen der intercalären Scheibe, also längs zu den Myofilamenten. Sie haben hier eine ausreichende mechanische Stabilität, weil sie außerhalb der Zugkräfte der Myofilamente liegen (Muir, 1957).

Zwischen Herzmuskelzellen des Ventrikels des Frosches fanden Van der Kloot und Dane (1964) „low resistance pathways". Dennoch verneinen Staley und Benson (1968) und Sommer und Johnson (1969, 1970) die Anwesenheit des Nexus im Ventrikel des Frosches. Wir konnten im Ventrikel des Frosches an manchen Stellen, an denen die Zellmembranen einander dicht anliegen, Nexus beobachten. Es sind meistens „gap junctions", aber auch „tight junctions" wurden gesehen. Die Ausdehnung der Nexus stimmt mit den Angaben von Barr *et al.* (1965) und Baldwin (1970) überein. Barr *et al.* (1965) konnten beim Vorhof des Frosches und beim Ventrikel des Meerschweinchens nachweisen, daß bei hypertonischen Fixationslösungen Nexus zerstören. Nach isotonischer Fixation hat Baldwin im Ventrikelmyokard des Frosches Nexus gesehen. Wir können also sagen, daß nicht hypertonisch fixiert werden darf, wenn man Nexus im Froschherzen gut erhalten sichtbar machen will. Staley und Benson (1968) und Sommer und Johnson (1969) haben jedoch nach ihren eigenen Angaben hypertonisch fixiert.

In der Untersuchung über das somatische Muskelgewebe von *Ascaris lumbricoides* erzielte Rosenbluth (1965) Ergebnisse, die annehmen lassen, daß ein „electrical coupling" zwischen diesen Zellen nicht ausschließlich durch den Nexus geschieht und ebensowenig, daß der Nexus per se das einzige morphologische Substrat für die elektrische Koppelung sein würde (s. Rosenbluth, 1965, und Literatur dort). Eine spezifische Membranstruktur kann nach Rosenbluth einem Nexus assoziiert sein oder auch fehlen, sie kann aber auch ein Teil anderer Zellverbindungen und verantwortlich für die elektrische Koppelung sein.

Robertson (1963) beschrieb in Höhe des synaptischen Membrankomplexes (elektrische Synapse) der Mauthner-Zellen des Goldfisches ein hexagonales Muster von „subunits". Benedetti und Emmelot (1965) zeigten mittels Negativ-Kontrastverfahrens ein gleichartiges Muster in Höhe des Nexus zwischen Leberzellen, und schließlich konnten Revel und Karnovsky (1967) diese „subunits" im Nexus des Myokards mittels Lanthan, das die Räume zwischen den Vorsprüngen füllt, sichtbar machen. Leak (1970) hat bei der Maus in Höhe der intercalären Scheibe, ohne genau die Stelle bestimmen zu können, mittels Gefrierätzung die Anwesenheit eines hexagonalen Musters bestätigt und gezeigt, daß das Plasmalemm dort Vorsprünge aufweist. Unsere Beobachtungen an Schnittpräparaten von Vorsprungstrukturen in Höhe der Fasciae adhaerentes und von Desmosomen könnten damit übereinstimmen, obwohl der Abstand zwischen der Mitte zweier nebeneinanderliegender „subunits“ nicht immer übereinstimmend ist.

In diesem Zusammenhang ist eine Beobachtung von Legato (1972) interessant. In einer 2 Tage alten Kultur von Ventrikelzellen der Ratte beobachtete sie eine koordinierte Zusammenziehung, sah keinen Nexus, jedoch Desmosomen, auf die sie die Erregungsübertragung zurückführte.

VI. Tubuläres transversales System (T-System) und sarkoplasmatisches Reticulum (SR)

In dieser Arbeit ist das Vorhandensein eines T-Systems im Myokard von *Rana temporaria* mittels Parallel- und Serienschnitten sowie mit „Tracer“-Techniken gezeigt worden. Unsere Beobachtungen ergaben, daß im Myokard von *Rana temporaria* ein T-System vorhanden ist, d.h. an Längsschnitten kann man in Höhe des Z-Streifens oder in dessen unmittelbarer Nachbarschaft eine Invagination des Sarkolemms finden. Das Sarkolemm weist hier wie an anderen Stellen mikropinocytotische Membraneinbuchtungen auf und wird auch im Invaginationsbereich von einer Basalmembran bekleidet. Es bleibt zwischen dem Lumen der invaginierenden Teile des Sarkolemms und des extracellulären Raumes der Muskelzelle eine offene Verbindung. Diese Beobachtung allein sichert jedoch noch nicht die Existenz eines T-Systems, da Festonierungen in der Z-Ebene ähnliche Bilder ergeben.

Auf Querschnitten kann man sehen, daß die Sarkolemm-Invagination die Wand der Tubuli bildet, die tief in die Herzmuskelzelle eindringen und dem Z-Streifen sehr dicht anliegen.

Da nun diese in Höhe des Z-Streifens oder in dessen unmittelbarer Nähe von dem Sarkolemm ausgehenden Membransysteme sowohl in Quer- wie in Längsschnitten als Tubuli zu sehen sind, können diese in keinem Fall Rinnen einer Festonierung sein. Kreisförmige Rillen können nur in Längs- und nicht in Querschnitten Profile von Tubuli ergeben. Umgekehrt werden longitudinale Vertiefungen nur in Querschnitten als Tubuli erscheinen. In diesem Zusammenhang ist wichtig, daß die longitudinalen Rillen, die in Querschnitten beobachtet werden können, an der Peripherie der Zelle am breitesten sind, wodurch im Querschnitt ebenfalls unechte von echten (peripher engen) Tubuli zu unterscheiden sind. Schließlich konnten wir durch Untersuchung von longitudinalen Parallelschnitten runde und ovale Membranprofile unverkennbar als Quer- oder Anschnitte von T-Tubuli deuten. Darum können die durch uns im Myokard des Frosches angetroffenen röhrenförmigen Strukturen, deren Wand kontinuierlich mit dem Sarkolemm verläuft, immer als T-Tubuli betrachtet werden.

Die Anwendung der HRP-Markierungsmethode bestätigt die oben genannten Befunde bezüglich des T-Systems und hat uns ermöglicht, die zum extracellulären Raum gehörenden Profile der internen Koppelungen zu erkennen. Ebenso gelang uns, in Höhe des Z-Streifens nicht mit HRP markierte Profile als Anschnitte der Z-Tubuli zu deuten. Auch nach Anwendung des Lanthansalzes sahen wir den extracellulären Raum in Höhe des Z-Streifens an manchen Stellen in der Muskelzelle wie ein Rohr enden.

Die Kontinuität des Sarkolemms mit der Wand der T-Tubuli und die offene Verbindung der Tubuli mit dem extracellulären Raum im Myokard der Mammalia ist durch elektronenmikroskopische Untersuchungen des letzten Jahrzehntes allgemein erkannt worden. Als erster beschrieb sie Lindner (1957) im Hundeherz, und danach bestätigten zahlreiche Untersucher teils mittels Markierungsstoffen bei verschiedenen Säugetierarten seinen Befund (Simpson und Oertelis, 1961, 1962; Nelson und Benson, 1963; Girardier und Pollet, 1964; Epling, 1965; Karnovsky, 1965b; Simpson, 1965; Forssmann und Girardier, 1966; Schiebler und Wolff, 1966; Hiramoto, 1967; Simpson und Rayns, 1968; Sommer und Johnson, 1968; Forssmann und Girardier, 1970; Niemeyer und Forssmann, 1971; Sperelakis und Rubio, 1971; Wenzel *et al.*, 1971; Hagopian und Nunez, 1972; u.a.).

Auch im Myokard der Invertebraten wurde ein T-System beobachtet (bei Kakerlaken, Edwards und Challice, 1960; bei Schnecken, North, 1963; bei Garnelen, Irisawa und Hama, 1965; bei Cephalopoden, Schipp und Schäfer, 1969; und bei Krebsen, Howse *et al.*, 1971; Forbes *et al.*, 1972).

Diese Beobachtungen am T-System passen in den Rahmen des Bekannten über Morphologie und Physiologie des quergestreiften Skeletmuskels. Bei quergestreiftem Muskelgewebe verschiedener Tierarten wurde elektronenmikroskopisch gezeigt, daß das Lumen der T-Tubuli mit dem extracellulären Raum kommuniziert und daß die Wand der Tubuli nur eine Einstülpung der peripheren Plasmamembran ist: bei Säugetieren (Andersson-Cedergen, 1959), bei Amphibien (Huxley, 1964, 1965; Peachy, 1965; Niemeyer und Forssmann, 1961; Pager, 1971), bei Fischen (Franzini-Armstrong und Porter, 1964), bei Insekten (Smith, 1961a, b), beim Flußkrebs (Brandt *et al.*, 1965).

Physiologisch ist erwiesen, daß bei Erregung einer Muskelzelle die Plasmamembran depolarisiert wird, wobei die Depolarisationswelle entlang des T-Systems in die Muskelzelle eindringt und die Freigabe von Ca-Ionen aus dem SR an die Myofilamente bewirkt (s. Ebashi *et al.*, 1969). Wie das Aktionspotential über die T-Tubuli im SR die Freigabe von Ca-Ionen genau hervorruft, ist nicht bekannt. In diesem Zusammenhang wird die physiologische Bedeutung der ATPase-Aktivität des SR untersucht (Engel und Tice, 1966; Tice und Engel, 1966).

Obwohl physiologisch nachgewiesen wurde, daß die Kontraktion des Herzmuskels weit stärker von der Anwesenheit der Ca-Ionen im extracellulären Raum abhängig ist, als das bei Skeletmuskelfasern der Fall ist, wurde für beide hinsichtlich der Rolle des Calciums derselbe Kontraktions- und Relaxationsmechanismus angenommen (Ebashi und Endo, 1968; Ebashi *et al.*, 1969).

Auf Grund elektronenmikroskopischer Untersuchungen verneinten Staley und Benson (1968); Sommer und Johnson (1969, 1970), Sommer und Jewett (1971), Masson und Gros (1971), Masson-Pevet (1972) und unlängst Page und Niedergerke (1972) das Vorliegen eines T-Systems im Myokard des Frosches. Sie stützten diese Ergebnisse mit gleichen Befunden am Ventrikel anderer Kaltblüter, nämlich bei Amblystoma (Howse *et al.*, 1969, 1970; Gros und Schrével, 1970; Masson und Gros, 1971), bei Necturus (Hirakow, 1971), bei Fischen (Howse *et al.*, 1970), bei Reptilien (Leak, 1967; Howse *et al.*, 1970), wo ebenso ein T-System nicht gefunden wurde. Lindner erwähnte indessen bereits 1957 in seiner Arbeit „Die submikroskopische Morphologie des Herzmuskels" im Froschherzen kürzere Einstülpungen der Plasmamembran. Auch für das Myokard der

Schildkröte beschreibt Okita (1971) „short-T-tubules", die genauso aussähen wie die im Myokard der Mammalia, nur nicht so tief in die Muskelzelle zu verfolgen wären.

Das T-System des Myokardventrikels bei *Rana temporaria* zeigt die gleiche Struktur wie die im Myokard der Mammalia. Die Tubuli des transversalen Systems bestehen, wie wir gezeigt haben, aus Invaginationen des gesamten Sarkolemms, das in die Muskelzelle eindringt. Sowohl beim Myokard der Mammalia wie bei dem der *Rana temporaria* sind die T-Tubuli deutlich breiter als die Tubuli des Skeletmuskels. Ebenfalls wie bei den Mammalia weist die Wand der T-Tubuli im Myokard vom Ventrikel bei *Rana temporaria* mikropinocytotische Membraneinbuchtungen auf, und man kann ebenso an der Cytoplasmaseite eines T-Tubulus eine Zisterne des SR mit den Strukturen der „couplings" (Sommer und Johnson, 1970) beobachten.

Die Zahl der T-Tubuli im Myokard der *Rana temporaria* ist pro Schnittfläche erheblich geringer als die der Mammalia. Bei der Untersuchung von sehr zahlreichen Parallelschnitten hat sich bei uns der Eindruck vertieft, daß — wenn die Muskelzelle als ein Zylinder betrachtet wird, dessen Mantel das Sarkolemm bildet — Mündungen der T-Tubuli nahezu in zwei Reihen parallel zu der Längsachse der Muskelzelle und diametral einander gegenüber angeordnet sind. So würde zu erklären sein, daß sich mancher Autor von dem Vorkommen der T-Tubuli im Myokard nicht überzeugen konnte. Da bei den Mammalia, wie mittels Gefrierätzverfahren gezeigt wurde (Rayns *et al.*, 1967; Leak, 1970), mehrere Reihen Mündungen der T-Tubuli im Sarkolemm der Muskelzelle sind, kann man auch in mehreren parallel laufenden Schnittebenen T-Tubuli beobachten. Ein weiterer Grund für das Übersehen der T-Tubuli könnte sein, daß im Ventrikel der *Rana* in den inneren Wandbereichen der Hauptkammer die Muskelzellen meistens einen kleinen Durchmesser haben und daher öfters keine T-Tubuli besitzen.

Die oben genannten Autoren, die im Myokard der Kaltblüter keine T-Tubuli beobachten konnten, haben im Myokard des Frosches bzw. anderer Kaltblüter, mit Ausnahme von Page und Niedergerke (1972), auch kein oder ein kaum zu erwähnenswertes SR und weder periphere noch interne Koppelungen beobachtet. Auf Grund des Fehlens des T-Systems wie auch des SR nehmen sie an, daß der Mechanismus der Exzitations-Kontraktions-Koppelung und der Relaxation hier auf eine andere Weise vor sich geht, als allgemein im Skeletmuskel und beim Herzmuskel der Säugetiere.

Im Verlauf unserer Untersuchungen erschienen die morphometrischen Befunde von Masson-Pevet (1972) und die Untersuchungen von Page und Niedergerke (1972), in denen ein gut entwickeltes SR im Myokard des Ventrikels der *Rana* gezeigt wird. Unsere Untersuchungen ergaben zudem, daß neben einem entwickelten SR und den von Page und Niedergerke beschriebenen peripheren Koppelungen auch interne Koppelungen vorhanden sind.

Unsere Befunde bestätigen besonders den von Page und Niedergerke in ihrem Schema angegebenen Verlauf der schmalen transversalen Röhrchen des SR in Höhe des Z-Streifens („Z-tubules"), wie auch die von ihnen angegebenen transversalen Verbindungen in Höhe des Z-Streifens zwischen diesen „Z-tubules". Die große Anzahl von Profilen des SR rund um die Fibrillen in Querschnitten wie das öftere Anschneiden von longitudinalen Verbindungen im Längsschnitt ist nur dann zu erklären, wenn mehrere longitudinale Verbindungen je Sarkomer vorhanden sind.

Bei den Mammalia wurden die kleinen Röhren des SR in Höhe des Z-Streifens zum erstenmal als „circumferential Z-tubules“ von 22 nm Durchmesser beim Ochsen von Simpson (1965) und danach im Myokard des Frettchens von Simpson und Rayns (1968) beschrieben. Die letzten Autoren beschrieben auch ein plexiformes Netzwerk rund um die Myofibrillen, das die aufeinanderfolgenden Z-Tubuli verbindet und geben den gesamten Verlauf schematisch wieder. Den Verlauf der T-Tubuli und des SR im Myokard der Mammalia, wie er von Nelson und Benson (1963) in ihrem bekannten Schema wiedergegeben und von Simpson und Rayns (1968) mit Z-Tubuli ergänzt wurde, haben wir jetzt auch bei *Rana* nachgewiesen.

Die beim Frosch beobachteten, den der Mammalia ähnlichen peripheren und internen Koppelungen mit ihren besonderen Strukturen dürften dann auch dieselbe funktionelle Bedeutung haben wie die im Myokard der Säugetiere.

Offenbar ist die Ausbildung der T-Tubuli im Myokard von *Rana temporaria* auch eine Folge der Tatsache, daß bei größeren Muskelzellen der Abstand zwischen dem contractilen System und dem Sarkolemm bereits zu groß wird, um die Erregung ausreichend nach der Mitte der Muskelzelle zu leiten. Diese Erwägung wird gestützt durch Beobachtungen von Smith (1963) und Howse *et al.* (1971), die bei Krebsen in der Muskelzelle des Herzens, deren Myofilamente zentral gelegen sind, ein T-System nachgewiesen haben. Andererseits konnten Sommer und Johnson (1969) beim Huhn sowie Jewett *et al.* (1971) bei Finken und Kolibris in den sehr schmalen Herzmuskelzellen dieser Tiere kein T-System nachweisen. Wir sahen, wie erwähnt, bei dünnen Muskelfasern des Frosches kurze T-Tubuli, bei dickeren tiefe T-Tubuli. Alle Beobachtungen weisen also auf eine funktionelle Beziehung entweder zwischen dem contractilen System und der Zellmembran, oder zwischen diesem und dem extracellulären Raum.

Schiebler und Wolff (1966) stellten schon fest, daß beim sich entwickelnden Rattenherz das Eindringen der T-Tubuli in die Muskelzellen erst beginnt, wenn die Myofibrillen ausdifferenziert sind.

Derselbe Entwicklungsverlauf wurde durch Ezerman und Ishikawa (1967) beim Skeletmuskelgewebe gezeigt. Sie beobachteten in Gewebekulturen des Brustmuskels von Hühnerembryonen die Differenzierung des T-Systems nach Markierung mit Ferritin und sahen, daß die Invaginationen des Sarkolemms um so tiefer in die Muskelzellen eindringen, je zahlreicher die Myofilamente werden. Man kann sich also vorstellen, daß das T-System eine Anpassung der Struktur der wachsenden Muskelzelle darstellt, die dazu dient, den Kontakt zwischen den Myofilamenten und dem extracellulären Raum zu erhalten.

Wie schon erwähnt, wird angenommen, daß der Mechanismus der Exzitations-Kontraktions-Koppelung und der Relaxation im Herzmuskel grundsätzlich derselbe ist wie im Skeletmuskel. Es steht jedoch fest, daß die Herzmuskelzelle im allgemeinen viel dünner als die Skeletmuskelfaser ist und daß das Aktionspotential länger dauert. Deshalb erschien die Annahme berechtigt, daß T-Tubuli in der Herzmuskelzelle für die elektrisch-mechanische Koppelung nicht unbedingt notwendig sind (Niemeyer und Forssmann, 1971). In der Tat entwickeln sich die T-Tubuli später, als der Herzmuskel zu arbeiten beginnt (Schiebler und Wolff, 1966). Dies schließt aber nicht aus, daß die T-Tubuli sich ebenso wie die Plasmamembran an der Exzitations-Kontraktions-Koppelung beteiligen. Jedoch könnte das T-System noch eine weitere Funktion im Herzmuskel ausüben: Niemeyer und Forssmann (1971) fanden, daß sich das T-System des Herzens (Schaf, Kalb) in bezug auf „glycerol removal" (Howell, 1969) anders verhält als das T-System des Skeletmuskels (Frosch). Beim Skeletmuskel wird es geschädigt und die elektrisch-mechanische Koppelung wird ausgeschaltet. Elektronenmikroskopisch zeigt sich, daß das T-System auseinandergerissen ist. Beim Herzmuskel bleibt jedoch nach demselben Experiment die Kontraktionsfähigkeit auf elektrische Stimulierung erhalten und die Membran der T-Tubuli bleibt morphologisch intakt. Diese unterschiedlichen elektrophysiologischen und morphologischen Reaktionen führen die Untersucher auf die breiteren und kürzeren T-Tubuli der Herzmuskeln zurück, durch die sich viel rascher ein Gleichgewicht von gelösten Substanzen zwischen dem Lumen der T-Tubuli und dem extracellulären Raum einstellt.

Aus physiologischen Experimenten ergab sich (Niedergerke und Orkand, 1966; Niedergerke *et al.*, 1969; Ebashi *et al.*, 1969; Chapman und Niedergerke, 1970a, b), daß bei jedem Impuls von der Herzmuskelzelle des Frosches Ca-Ionen aus dem extracellulären Milieu aufgenommen werden. Nun haben aber Chapman und Niedergerke (1970a, b) am Frosch gezeigt, daß die Quantität der Ca-Ionen, die aus dem extracellulären Raum stammt, für den Bedarf zu gering ist, woraus sie den Schluß ziehen, daß eine intracelluläre Speicherung von Calcium vorhanden sein muß. Überdies ist nachgewiesen, daß trotz dieser Calciumstapelung der Herzmuskel des Frosches nicht in einem calciumfreien Milieu funktionieren kann. Der größere Durchmesser seiner T-Tubuli ermöglicht einen besseren Austausch sowohl von Metaboliten und auch von Ca-Ionen, die für die Kontraktion des Herzens notwendig sind. Dem schließen sich die morphometrischen Untersuchungen von Weller und Forssmann (1972) an, wonach das Volumen der T-Tubuli in der hochfrequenten Herzmuskelzelle der japanischen Tanzmaus viel größer ist als das von Maus und Ratte (Altman und Dittmer, 1964). Danach würde also das Volumen des T-Systems nicht allein im Zusammenhang mit der tiefen Lage der Myofilamente stehen, sondern auch mit dem Bedarf der Herzmuskelzelle an Ca-Ionen aus dem extracellulären Raum. Zwischen diesem Bedarf und dem im SR gestapelten Calcium besteht eine unterschiedliche Relation. Es liegt nahe, einen koordinierten Ausbau des T-Systems und des SR, die beide einen separaten Ursprung haben (Porter, 1961; Schiaffino und Margreth, 1969), für die Funktion der Ca-Ionen-Bewegung in und außerhalb der Herzmuskelzelle zu sehen.

Zusammenfassung

Die Feinstrukturen der Ventrikelmuskulatur des Froschherzens wurden unter besonderer Berücksichtigung der intracytoplasmatischen Membransysteme und der Zellverbindungen untersucht. Durch Anwendung von Lanthan und Meerrettich-Peroxydase (HRP) als Markierungssubstanzen und mittels Parallel- und Serienschnitten üblicher Präparation wurde festgestellt, daß im Ventrikelmyokard von *Rana temporaria* ein mit dem Sarkolemm verbundenes T-System vorhanden ist, wenig ausgedehnt, doch vergleichbar dem der Mammalia. Das gut entwickelte sarkoplasmatische Reticulum (SR) liegt wie ein plexiformes Netzwerk um die Myofibrillen. In Höhe des Z-Streifens sind sowohl T-Tubuli als auch

„Z-Tubuli" sichtbar. Periphere und interne Koppelungen sind häufig zu beobachten. Nexus von geringer Ausdehnung wurden regelmäßig gesehen. Herz-Haftplatten mit sich berührenden Partikeln zwischen den Membranen könnten weitere „high conductance"- bzw. „low resistance"-Bereiche sein. Im Golgi-Feld der Herzmuskelzelle finden sich kleine „coated vesicles" in Verbindung mit den Sacculi, größere als Vesikulationen der Plasmamembran. Der Nachweis von HRP-Passage durch intercelluläre Endokardspalten sowie durch mikropinocytotische Endokardvesikel (Cytopempsis) zeigt, daß die Passage von HRP nicht auf einen der beiden Transportwege beschränkt ist. Intramural, subendokardial und subepikardial beobachteten wir teilweise von Ausläufern der Schwannschen Zellen umgebene einzelne Axone und Bündel von Axonen verschiedener Durchmesser. Im terminalen Axoplasma liegen leere und granulahaltige Bläschen. Spezialisierte synaptische Strukturen wurden nicht beobachtet.

Alle Beobachtungen deuten darauf hin, daß der Mechanismus der Exzitations-Kontraktions-Koppelung im Myokard des Frosches sich nicht grundsätzlich von dem des Myokards der Mammalia und der Skeletmuskulatur unterscheidet.

Summary

Ultrastructure of Ventricular Cardiac Muscle of Rana temporaria

The ultrastructure of ventricle muscle cells of the frog heart was studied with respect to the intracytoplasmic membrane systems and the membrane contacts between adjacent muscle cells. Extracellular space tracing with horseradish peroxidase (HRP) and with lanthanum was performed. Some additional ultrastructural observations of the frog ventricular heart muscle are reported. The presence of transverse tubules is described, the walls of the tubules being continuous with the sarcolemma, showing a similar structure as T-tubules in the mammalian myocardium. A well-developed sarcoplasmic reticulum arranged in anastomosing channels surrounding each myofibril is interconnected with transverse sarco-tubuli at Z-line level. The occurrence of „Z-tubules" is reported. Moreover the sarcoplasmic reticulum has a close association with the T-tubules and with the peripheral sarcolemma. Subsarcolemmal cisternae in close apposition to the sarcolemma are frequent and the relation between them is considered to represent the so-called "coupling". In any ventricular muscle examined nexal junctions are present at planes of contact between myocytes, although they occupy smaller areas than in mammalian myocardial cells. The apposition of membrane-particles at the level of the cardiac adhesion plaques suggests that the nexuses are not the only sites responsible for high conductance. In the ventricle muscle cells two populations of coated vesicles are present: larger ones are continuous with the cell surface and small ones with the Golgi sacculi. The movement of HRP through narrow endothelial junctions and by the way of endothelial vesicles demonstrates that the transport of the tracer is not limited to a single "pore system". The presence of an extensive network of nerve endings, containing empty synaptic vesicles and vesicles with a dense core is described. These findings suggest monoaminergic as well as cholinergic innervation of the frog heart muscle.

The possible functional implication of these features is that the mechanism of excitation-contraction coupling in the myocardium of the frog does not principally differ from that found in the skeletal and the mammalian cardiac muscle.

Literatur

Altman, Ph. L., Dittmer, D. S.: Biology data book. Federation of American Societies for Experimental Biology. Washington, D.C. 1964

Andersson-Cedergren, E.: Ultrastructure of motor end plate and sarcoplasmic components of mouse skeletal muscle fiber as revealed by three-dimensional reconstructions from serial sections. J. Ultrastruct. Res., Suppl. **1**, 1—191 (1959).

Angelakos, E. T., Fuxe, K., Torchiana, M. L.: Chemical and histochemical evaluation of the distribution of catecholamines in the rabbit and guinea pig hearts. Acta physiol. scand. **59**, 184—192 (1963)

Baldwin, K. M.: The fine structure and electrophysiology of heart muscle cell injury. J. Cell Biol. **46**, 455—476 (1970)

Bargmann, W.: Histologie und mikroskopische Anatomie des Menschen, 6. Aufl. Stuttgart: Thieme 1967

Barr, L., Dewey, M. M., Berger, W.: Propagation of action potentials and the structure of the nexus in cardiac muscle. J. gen. Physiol. **48**, 797—823 (1965)

Barrnett, R. J., Hagstrom, P.: Histochemical and fine structural study of lipid degradation synthesis in muscle of fasting rats. J. Cell Biol. **19**, 5A (1963)

Benedetti, E. L., Emmelot, P.: Electron microscopic observations on negatively stained plasma membranes isolated from rat liver. J. Cell Biol .**26**, 299—304 (1965)

Benedetti, E. L., Emmelot, P.: Hexagonal array of subunits in tight junctions separated from isolated rat liver plasma membranes. J. Cell Biol. **38**, 15—24 (1968)

Bennett, H. S.: Morphological aspects of extracellular polysaccharides. J. Histochem. Cytochem. **11**, 14—23 (1963)

Bennett, H. S., Luft, J. H.: s-Collidine as a basis for buffering fixatives. J. biophys. biochem. Cytol. **6**, 113—117 (1959)

Benninghoff, A.: Beiträge zur vergleichenden Anatomie und Entwicklungsgeschichte des Amphibienherzens. Gegenbaurs morph. Jb. **51**, 355—412 (1921)

Berger, J. M., Bencosme, S. A.: Fine structural cytochemistry of granules in atrial cardiocytes. J. Molec. Cell. Cardiol. **3**, 111—120 (1971)

Bergman, R. A.: A note on the fine structure of the turtle heart. Bull. Johns Hopk. Hosp. **106**, 46—54 (1960)

Bozner, A., Barta, E., Mrena, E.: Further investigations on the ultrastructure of myocardial nerve elements in rats, rabbits and dogs. Exp. Med. Surg. **24**, 148—155 (1966)

Brandt, Ph. W., Reuben, J. P., Girardier, L., Grundfest, H.: Correlated morphological and physiological studies on isolated single muscle fibers. I. Fine structure of the crayfish muscle fiber. J. Cell Biol. **25**, 233—260 (1965)

Breemen, V. L. van: Intercalated discs in heart muscle studied with the electron microscope. Anat. Rec. **117**, 49—64 (1953)

Briggaman, R. A., Dalldorf, F. G., Wheeler, C. E.: Formation and origin of basal lamina and anchoring fibrils in adult human skin. J. Cell Biol. **51**, 384—395 (1971)

Brightman, M. W.: An electron microscopic study of ferritin uptake from the cerebral ventricles of rats. Anat. Rec. **142**, 219 (1962)

Bruns, R. R., Palade, G. E.: Studies on blood capillaries. I. General organization of blood capillaries in muscle. J. Cell Biol. **37**, 244—276 (1968a)

Bruns, R. R., Palade, G. E.: Studies on blood capillaries. II. Transport of ferritin molecules across the wall of muscle capillaries. J. Cell Biol. **37**, 277—299 (1968b)

Burnstock, G., Iwayama, T.: Fine structural identification of autonomic nerves and their relation to smooth muscle. Progr. Brain Res. **34**, 389—404 (1971)

Campbell, R. D., Campbell, J. H.: Origin and continuity of desmosomes. In: Origin and continuity of cell organelles (J. Reinert, H. Ursprung, eds.), p. 261—298. Berlin-Heidelberg-New York: Springer 1971

Challice, C. E., Edwards, G. A.: Some observations on the intercalated disc. Proc. Europ. Reg. Conf. Electron Microsc. Delft Vol. **II**, 774—777. Delft: De Nederlandse Vereniging voor Electronenmicroscopie 1960

Chapman, R. A., Niedergerke, R.: Effects of calcium on the contraction of the hypodynamic frog heart. J. Physiol. (Lond.) **211**, 389—421 (1970a)

Chapman, R. A., Niedergerke, R.: Interaction between heart rate and calcium concentration in the control of contractile strength of the frog heart. J. Physiol. (Lond.) **211**, 423—443 (1970b)

Chrétien, M.: Formation de nouveaux appareils de Golgi dans des cellules secrétrices soumises à une stimulation hormonale. J. Microscopie **11**, 39—40 (1971)

Constantin, L. L., Franzini-Armstrong, C., Podolsky, R. J.: Localization of calcium-accumulating structures in striated muscle fibers. Science **147**, 158—160 (1965)

Constantin, L. L., Podolsky, R. J.: Calcium localization and the activation of striated muscle fibers. Fed. Proc. **24**, 1141—1145 (1965)

Constantin, L. L., Podolsky, R. J.: Evidence for depolarization of the internal membrane system in activation of frog semitendinosus muscle. Nature (Lond.) **210**, 483—486 (1966)

Crossley, A. C.: Ultrastructural changes during transition of larval to adult intersegmental muscle at metamorphosis in the blowfly *Calliphora erythrocephala*. I. Dedifferentiation and myoblast fusion. J. Embryol. exp. Morph. **27**, 43—74 (1972)

Dallner, G., Siekevitz, P., Palade, G.: Biogenesis of endoplasmic reticulum membranes. I. Structural and chemical differentiation in developing rat hepatocyte. J. Cell Biol. **30**, 73—96 (1966)

Danielli, J. F., Davson, H.: A contribution to the theory of permeability of thin films. J. cell comp. Physiol. **5**, 495—508 (1935)

David, H., Hecht, A., Uerlings, I.: Noradrenalin bedingte Feinstrukturveränderungen des Herzmuskels der Ratte. Beitr. path. Anat. **137**, 1—18 (1968)

Dewey, M. M., Barr, L.: Intercellular connection between smooth muscle cells: the nexus. Science **137**, 670—672 (1962)

Dewey, M. M., Barr, L.: A study of the structure and distribution of the nexus. J. Cell Biol. **23**, 553—585 (1964)

Dreifuss, J. J., Girardier, L., Forssmann, W. G.: Etude de la propagation de l'excitation dans le ventricule de rat au moyen de solutions hypertoniques. Pflügers Arch. ges. Physiol. **292**, 13—33 (1966)

Dubois, P.: Origine et développement de l'appareil de Golgi au cours de la différenciation cellulaire dans une glande endocrine chez l'homme: l'antéhypophyse foetale. J. Microscopie **13**, 193—206 (1972)

Ebashi, S., Endo, M.: Calcium ion and muscle contraction. Progr. Biophys. molec. Biol. **18**, 123—183 (1968)

Ebashi, S., Endo, M., Ohtsuki, I.: Control of muscle contraction. Quart. Rev. Biophys. **2**, 351—384 (1969)

Eberth, C. J.: Die Elemente der quergestreiften Muskeln. Arch. path. Anat. Physiol. klin. Med. **37**, 100—124 (1866)

Edwards, G. A., Challice, C. E.: The ultrastructure of the heart of the cockroach, *Blattella germanica*. Ann. entomol. Soc. Amer. **53**, 369—383 (1960)

Edwards, G. A., Ruska, H., De Souza Santos, P., Vallejo-Freire, A.: Comparative cytophysiology of striated muscle with special reference to the role of the endoplasmic reticulum. J. biophys. biochem. Cytol. **2**, 143—156 (1956)

Engel, A. G., Tice, L. W.: Cytochemistry of phosphatases of the sarcoplasmic reticulum. I. Biochemical studies. J. Cell Biol. **31**, 473—487 (1966)

Epling, G. P.: Electron microscopy of bovine cardiac muscle: the transverse sarcotubular system. Amer. J. vet. Res. **26**, 224—238 (1965)

Ezerman, E. B., Ishikawa, H.: Differentiation of the sarcoplasmic reticulum and T-system in developing chick skeletal muscle in vitro. J. Cell Biol. **35**, 405—420 (1967)

Fawcett, D. W.: The sarcoplasmic reticulum of skeletal and cardiac muscle. Circulation **24**, 336—348 (1961)

Fawcett, D. W.: An atlas of fine structure. The cell. Philadelphia-London: W. B. Saunders Co. 1966

Fawcett, D. W., McNutt, N. S.: The ultrastructure of the cat myocardium. I. Ventricular papillary muscle. J. Cell Biol. **42**, 1—45 (1969).

Fawcett, D. W., Selby, C. C.: Observations on the fine structure of the turtle atrium. J. biophys. biochem. Cytol. **4**, 63—72 (1958)

Fedorko, M. E., Hirsch, J. G.: Studies on transport of macromolecules and small particles across mesothelial cells of the mouse omentum. I. Morphologic aspects. Exp. Cell Res. **69**, 113—127 (1971)

Forbes, M. S., Rubio, R., Sperelakis, N.: Tubular systems of *Limulus* myocardial cells investigated by use of electron-opaque tracers and hypertonicity. J. Ultrastruct. Res. **39**, 580—597 (1972)

Forssmann, W. G., Girardier, L.: Untersuchungen zur Ultrastruktur des Rattenherzmuskels mit besonderer Berücksichtigung des sarcoplasmatischen Retikulums. Z. Zellforsch. **72**, 249—275 (1966)

Forssmann, W. G., Girardier, L.: A study of the T-system in rat heart. J. Cell Biol. **44**, 1—19 (1970)

Franzini-Armstrong, C., Porter, K. R.: Sarcolemmal invaginations and the T-system in fish skeletal muscle. Nature (Lond.) **202**, 355—357 (1964)

Friend, D. S., Farquhar, M. G.: Functions of coated vesicles during protein absorption in the rat vas deferens. J. Cell Biol. **35**, 357—376 (1967)

Galavazi, G.: Identification of helical polyribosomes in sections of mature skeletal muscle fibers. Z. Zellforsch. **121**, 531—547 (1971)

Garant, P. R., Nalbandian, J.: Observations on the ultrastructure of Ameloblasts with special reference to the Golgi complex and related components. J. Ultrastruct. Res. **23**, 427—443 (1968)

Gerlach, L.: Über die Nervenendigungen in der Muskulatur des Froschherzens. Virchows Arch. path. Anat. **66**, 187—223 (1876)

Ginsburg, V., Kobata, A.: Structure and function of surface components of mammalian cells. In: Structure and function of biological membranes (L. I. Rothfield, ed.), p. 439—459. New York-London: Acad. Press 1971

Girardier, L., Pollet, M.: Démonstration de la continuité entre l'espace interstitiel et la lumière de canaux intracellulaires dans le myocarde de rat. Helv. physiol. pharmacol. Acta **22**, C72—C73 (1964)

Gompertz, C.: Über Herz und Blutkreislauf bei nackten Amphibien. Arch. Anat. Physiol. — Physiol. Abt. Jg. **1884**, 242—260

Graham, R. C., Karnovsky, M. J.: The early stages of absorption of injected horseradish peroxidase in the proximal tubules of mouse kidney: ultrastructural cytochemistry by a new technique. J. Histochem. Cytochem. **14**, 291—302 (1966)

Grant, R. T., Regnier, M.: The comparative anatomy of the cardiac coronary vessels. Heart **13**, 285—310 (1926)

Grimley, Ph. M., Edwards, G. A.: The ultrastructure of cardiac desmosomes in the toad and their relationship to the intercalated disc. J. biophys. biochem. Cytol. **8**, 305—318 (1960)

Gros, D., Schrével, J.: Ultrastructural comparée du muscle cardiaque ventriculaire de l'Ambystome et de sa larve, l'axolotl. J. Microscopic (Paris) **9**, 765—784 (1970)

Gustafsson, R., Tata, J. R., Lindberg, O., Ernster, L.: The relationship between the structure and activity of rat skeletal muscle mitochondria after thyroidectomy and thyroid hormone treatment. J. Cell Biol. **26**, 555—578 (1965)

Hagopian, M., Nunez, E. A.: Sarcolemmal scalloping at short sarcomere lengths with incidental observations on the T-tubules. J. Cell Biol. **53**, 252—258 (1972)

Hasselbach, W., Weber, H. H.: Die intracelluläre Regulation der Muskelaktivität. Naturwissenschaften **52**, 121—128 (1965)

Heuson-Stiennon, J.-A.: Morphogenèse de la cellule musculaire striée, étudiée au microscope électronique. I. Formation des structures fibrillaires. J. Microscopie (Paris) **4**, 657—678 (1965)

Hibbs, R. G., Ferrans, V. J.: An ultrastructural and histochemical study of rat atrial myocardium. Amer. J. Anat. **124**, 251—280 (1969)

Hirakow, R.: Ultrastructural characteristics of the mammalian and sauropsidan heart. Amer. J. Cardiol. **25**, 195—203 (1970)

Hirakow, R.: The fine structure of the necturus (amphibia) heart. Amer. J. Anat. **132**, 401—422 (1971)

Hiramoto, Y.: Fine structure of rabbit cardiac muscle with special reference to myofibril and sarcoplasmic reticulum. Jap. Circulat. J. **31**, 1543—1550 (1967)

Hoffman, F. B., Cranefield, P. F.: Electrophysiology of the heart. New York: McGraw-Hill 1960

Howell, J. N.: A lesion of the transverse tubules of skeletal muscle. J. Physiol. (Lond.) **201**, 515—533 (1969)

Howse, H. D., Ferrans, V. J., Hibbs, R. G.: Observations on the fine structure of the ventricular myocardium of a salamander, *Amblystoma maculatum* Shaw. Herpetologica **17**, 75—85 (1969)

Howse, H. D., Ferrans, V. J., Hibbs, R. G.: A comparative histochemical and electron microscopic study of the surface coatings of cardiac muscle cells. J. Molec. Cell Cardiol. **1**, 157—168 (1970)

Howse, H. D., Ferrans, V. J., Hibbs, R. G.: A light and electron microscopic study of the heart of a crayfish, *Procambarus clarkii* (Giraud). II. Fine structure. J. Morph. **133**, 353—373 (1971)

Huang, C. Y.: Electron microscopic study of the development of heart muscle of the frog *Rana pipiens*. J. Ultrastruct. Res. **20**, 211—226 (1967)

Huxley, A. F., Taylor, R. E.: Local activation of striated muscle fibers. J. Physiol. (Lond.) **144**, 426—441 (1958)

Huxley, H. E.: Evidence for continuity between the central elements of the triads and extracellular space in frog sartorius muscle. Nature (Lond.) **202**, 1067—1071 (1964)

Irisawa, A., Hama, K.: Some observations on the fine structure of the mantis shrimp heart. Z. Zellforsch. **68**, 674—688 (1965)

James, T. N., Sherf, L.: Ultrastructure of the human atrioventricular node. Circulation **37**, 1049—1070 (1968)

Jamieson, J. D., Palade, G. E.: Specific granules in atrial muscle cells. J. Cell Biol. **23**, 151—172 (1964)

Jewett, P. H., Sommer, J. R., Johnson, F. A.: Cardiac muscle. Its ultrastructure in the finch and hummingbird with special references to the sarcoplasmic reticulum. J. Cell Biol. **49**, 50—65 (1971)

Karnovsky, M. J.: A formaldehyde-glutaraldehyde fixative of high osmolality for use in electron microscopy. J. Cell Biol. **27**, 137A—138A (1965a)

Karnovsky, M. J.: Vesicular transport of exogenous peroxidase across capillary endothelium into the T-system of muscle. J. Cell Biol. **27**, 49A (1965b)

Karnovsky, M. J.: The ultrastructural basis of capillary permeability studied with peroxidase as a tracer. J. Cell Biol. **35**, 213—236 (1967)

Karnovsky, M. J., Cotrans, R. S.: The intercellular passage of exogenous peroxidase across endothelium and mesothelium. Anat. Rec. **154**, 365 (1966)

Karrer, H. E.: Cell interconnections in normal human cervical epithelium. J. biophys. biochem. Cytol. **7**, 181—184 (1960)

Kawamura, K., Konishi, T. K.: Ultrastructure of the cell junction of heart muscle with special reference to its functional significance in excitation-contraction and to the concept of "Disease of intercalated disc". Jap. Circulat. J. **31**, 1533—1543 (1967)

Kelly, D. E.: Fine structure of desmosomes, hemidesmosomes, and an adepidermal globular layer in developing newt epidermis. J. Cell Biol. **28**, 51—72 (1966)

Kessel, R. G.: Origin of the Golgi apparatus in embryonic cells of the grasshopper. J. Ultrastruct. Res. **34**, 260—275 (1971)

Kisch, B.: Electronmicroscopy of the frog's heart. Exp. Med. Surg. **19**, 104—142 (1961)

Kloot, W. G. van der, Dane, B.: Conduction of the action potential in the frog ventricle. Science **146**, 74—75 (1964)

Kriebel, M. E.: Electrical characteristics of tunicate heart cell membranes and nexuses. J. gen. Physiol. **52**, 46—59 (1968)

Landis, E. M., Pappenheimer, J. R.: Exchange of substances through the capillary walls. In: Handbook of physiology, Sect. 2 Circulation (Hamilton, W. F., Dow, P., eds.), vol. II, p. 961—1034. Washington: Amer. Physiol. Soc. 1963

Leak, L. V.: The ultrastructure of myofibers in a reptilian heart: the boa constrictor. Amer. J. Anat. **120**, 553—581 (1967)

Leak, L. V.: Fractured surfaces of myocardial cells. J. Ultrastruct. Res. **31**, 76—94 (1970)

Legato, M. J.: Ultrastructural characteristics of the rat ventricular cell grown in tissue culture, with special reference to sarcomergenesis. J. Molec. Cell Cardiol. **4**, 299—317 (1972)

Lindner, E.: Die submikroskopische Morphologie des Herzmuskels. Z. Zellforsch. **45**, 702—746 (1957)

Luft, J. H.: Permanganate—a new fixative for electron microscopy. J. biophys. biochem. Cytol. **2**, 799—802 (1956)

Manasek, F. J.: Histogenesis of the embryonic myocardium. Amer. J. Cardiol. **25**, 149—168 (1970)

Masson, M., Gros, D.: Utilisation de la peroxydase comme marqueur des espaces extra-cellulaires dans le cœur d'amphibien. J. Microscopie (Paris) **11**, 78 (1971)

Masson-Pevet, M.: Analyse stéreologique du reticulum sarcoplasmique et des vesicules de pinocytose du myocarde auriculaire de grenouille. Colloque les Surcharges Cardiaques. Paris, 1972, p. 63—64. Paris: INSERM 1972

McNutt, N. S.: Ultrastructure of intercellular junctions in adult and developing cardiac muscle. Amer. J. Cardiol. **25**, 169—183 (1970)

McNutt, N. S., Fawcett, D. W.: The ultrastructure of the cat myocardium. II. Atrial muscle. J. Cell Biol. **42**, 46—67 (1969)

Moore, D. H., Ruska, H.: Electron microscope study of mammalian cardiac muscle cells. J. biophys. biochem. Cytol. **3**, 261—268 (1957a)

Moore, D. H., Ruska, H.: The fine structure of capillaries and small arteries. J. biophys. biochem. Cytol. **3**, 457—462 (1957b)

Moore, R. T., McAlear, J. H.: Fine structure of mycota. 4. The occurrence of the Golgi dictyosome in the fungus *Neobulgaria pura* (Fr.) petrak. J. Cell Biol. **16**, 131—141 (1963)

Morré, D. J., Mollenhauer, H. H., Bracker, C. E.: Origin and continuity of Golgi apparatus. In: Origin and continuity of cell organelles (J. Reinert, H. Ursprung eds.), p. 82—126. Berlin-Heidelberg-New York: Springer 1971

Muir, A. R.: An electron microscope study of the embryology of the intercalated disc in the heart of the rabbit. J. biophys. biochem. Cytol. **3**, 193—202 (1957)

Muir, A. R.: Further observations on the cellular structure of cardiac muscle. J. Anat. (Lond.) **99**, 27—46 (1965)

Muir, A. R.: The effects of divalent cations on the ultrastructure of the perfused rat heart. J. Anat. (Lond.) **101**, 239—261 (1967)

Nelson, D. A., Benson, E. S.: On the structural continuities of the transverse tubular system of rabbit and human myocardial cells. J. Cell Biol. **16**, 297—313 (1963)

Niedergerke, R.: Movements of Ca in frog heart ventricles at rest and during contractures. J. Physiol. (Lond.) **167**, 515—550 (1963a)

Niedergerke, R.: Movements of Ca in beating ventricles of the frog heart. J. Physiol. (Lond.) **167**, 551—580 (1963b)

Niedergerke, R., Orkand, R. K.: The dual effect of calcium on the active potential of the frog's heart. J. Physiol. (Lond.) **202**, 58—60 (1966)

Niedergerke, R., Page, S., Talbot, M. S.: Determination of calcium movements in heart ventricles of the frog. J. Physiol. (Lond.) **202**, 58P—60P (1969)

Niemeyer, G., Forssmann, W. G.: Comparison of glycerol treatment in frog skeletal muscle and mammalian heart. An electrophysiological and morphological study. J. Cell Biol. **50**, 288—299 (1971)

North, R. J.: The fine structure of the myofibers in the heart of the snail *Helix aspersa*. J. Ultrastruct. Res. 8, 206—218 (1963)

Okita, S.: The fine structure of the ventricular muscle cells of the soft-shelled turtle heart (*Amyda*), with special reference to the sarcoplasmic reticulum. J. Electron Microsc. **20**, 107—119 (1971)

Ovtracht, L.: Morphogenèse des dictyosomes dans des cellules sécrétrices à cycle sécrétoire saisonnier. J. Microscopie **11**, 84—85 (1971)

Page, S. G., Niedergerke, R.: Structures of physiological interest in the frog heart ventricle. J. Cell Sci. **11**, 179—203 (1972)

Pager, J.: Etude comparative de quelques propriétés physicochimiques du système tubulaire transverse et du réticulum sarcoplasmique de deux types de fibres musculaires striées: la fibre squelettique rapide de la grenouille et la fibre myocardique ventriculaire du rat. Z. Zellforsch. **119**, 227—243 (1971)

Palade, G. E.: A study of fixation for electron microscopy. J. exp. Med. **95**, 285—297 (1952)

Palade, G. E.: Blood capillaries of the heart and other organs. Circulation **24**, 368—388 (1961)

Palay, S. L.: Alveolate vesicles in Purkinje cells of the rat's cerebellum. J. Cell Biol. **19**, 89A—90A (1963)

Peachey, L. D.: Electron microscopic observations on the accumulation of divalent cations in intramitochondrial granules. J. Cell Biol. **20**, 95—108 (1964)

Peachey, L. D.: The sarcoplasmic reticulum and transverse tubules of the frog's sartorius. J. Cell Biol. **25**, 209—231 (1965)

Pellegrino de Iraldi, A., Gueudet, R., Suburo, A. M.: Differentiation between 5-hydroxytryptamine and catecholamines in synaptic vesicles. Progr. Brain Res. **34**, 161—170 (1971)

Poche, R., Lindner, E.: Untersuchungen zur Frage der Glanzstreifen des Herzmuskelgewebes beim Warmblüter und beim Kaltblüter. Z. Zellforsch. **43**, 104—120 (1955).

Porter, K. R.: The sarcoplasmic reticulum. Its recent history and present status. J. biophys. biochem. Cytol. **10**, 219—226 (1961)

Porter, K. R., Palade, G. E.: Studies on the endoplasmic reticulum. III. Its form and distribution in striated muscle cells. J. biophys. biochem. Cytol. **3**, 269—301 (1957)

Price, K. C., Weiss, J. M., Hata, D., Smith, J. R.: Experimental needle biopsy of the myocardium of dogs with particular reference to histologic study by electron microscopy. J. exp. Med. **101**, 687—694 (1955)

Rayns, D. G., Simpson, F. O., Bertaud, W. S.: Transverse tubule apertures in mammalian myocardial cells: surface array. Science **156**, 656—657 (1967)

Rayns, D. G., Simpson, F. O., Bertaud, W. S.: Surface features of striated muscle. J. Cell Sci. **3**, 467—474 (1968)

Revel, J. P.: The sarcoplasmic reticulum of the bat cricothyroid muscle. J. Cell Biol. **12**, 571—588 (1962)

Revel, J. P., Fawcett, D. W., Philpott, C. W.: Observations on mitochondrial structure. Angular configurations of the cristae. J. Cell Biol. **16**, 187—195 (1963)

Revel, J. P., Karnovsky, M. J.: Hexagonal array of subunits in intercellular junctions of the mouse heart and liver. J. Cell Biol. **33**, C7—C12 (1967)

Reynolds, E. S.: The use of lead citrate at high pH as an electron-opaque stain in electron microscopy. J. Cell Biol. **17**, 208—212 (1963)

Robertis, E. de: Histophysiologie des synapses et neurosecrétion. In: Monographies de physiologie causale, vol. IV (Gauthier-Villars, ed.). Paris 1964

Robertson, J. D.: The ultrastructure of cell membranes and their derivatives. In: The structure and function of subcellular components (E. M. Crook, ed.), Biochemical Soc. Symp. Nr. **16**, 3—43 (1959). Cambridge: Univ. Press 1959

Robertson, J. D.: The occurrence of a subunit pattern in the unit membranes of club endings in Mauthner cell synapses in goldfish brains. J. Cell Biol. **19**, 201—221 (1963)

Rosenbluth, J.: Ultrastructure of somatic muscle cells in *Ascaris lumbricoides*. II. Intermuscular junctions, neuromuscular junctions, and glycogen stores. J. Cell Biol. **26**, 579—591 (1965)

Rosenbluth, J., Wissig, S. L.: The distribution of exogenous ferritin in toad spinal ganglia and the mechanism of its uptake by neurons. J. Cell Biol. **23**, 307—325 (1964)

Roth, T. F., Porter, K. R.: Specialized sites on the cell surface for protein uptake. In: Electron Microscopy (S. S. Breese Jr., ed.), Fifth Int. Congr. Electr. Microsc. Philadelphia, vol. 2, LL—4. New York-London: Acad. Press 1962

Roth, T. F., Porter, K. R.: Yolk protein uptake in the oocyte of the mosquito *Aedes Aegypti* L. J. Cell Biol. **20**, 313—332 (1964)

Ruska, H.: Electron microscopy of the heart. (With special reference to structures involved in regulation of frequency, formation and conduction of excitation, triggering of contraction and relaxation). Proc. of a meeting at Milan, Italy 1963: "Electrophysiology of the Heart". Pergamon Press 1965

Ruska, H., Ruska, C.: Licht- und Elektronenmikroskopie des peripheren neurovegetativen Systems im Hinblick auf die Funktion. Dtsch. med. Wschr. **86**, 1697—1701, 1770—1772 (1961)

Rybak, B., Ruska, H., Ruska, C.: Ultrastructures nerveuses dans le ventricule du cœur de grenouille. Experientia (Basel) **22**, 735—737 (1966)

Sabatini, D., Bensch, K., Barrnett, R.: Cytochemistry and electron microscopy: The preservation of cellular ultrastructure and enzymatic activity by aldehyde fixation. J. Cell Biol. **17**, 19—58 (1963)

Scheyer, S. C.: Fibrillar and membranal relationships in frog ventricular muscle. Anat. Rec. **136**, 273 (1960)

Schiaffino, S., Margreth, A.: Coordinated development of the sarcoplasmic reticulum and T-system during postnatal differentiation of rat skeletal muscle. J. Cell Biol. **41**, 855—875 (1969).

Schiebler, T. H., Winckler, J.: On the vegetative cardiac innervation. Progr. Brain Res. **34**, 405—413 (1971)

Schiebler, T. H., Wolff, H. H.: Elektronenmikroskopische Untersuchungen am Herzmuskel der Ratte während der Entwicklung. Z. Zellforsch. **69**, 22—40 (1966)

Schipp, R., Schäfer, A.: Vergleichende elektronenmikroskopische Untersuchungen an den zentralen Herzorganen von Cephalopoden (*Sepia officinalis*). Die Feinstruktur des Herzens. Z. Zellforsch. **98**, 576—598 (1969).

Schmitt, F. O.: Molecular membranology. In: The dynamic structure of cell membranes (H. Wallach, H. Fischer, eds.), p. 5—36. Berlin-Heidelberg-New York: Springer 1971

Schweigger-Seidel, F.: Das Herz. Handbuch der Lehre von den Geweben des Menschen und der Tiere (Hrsg. S. Stricker), Bd. 1, S. 177—190. Leipzig: W. Engelmann 1871

Simpson, F. O.: The transverse tubular system in mammalian myocardial cells. Amer. J. Anat. **117**, 1—18 (1965)

Simpson, F. O., Oertelis, S. J.: Relationship of the sarcoplasmic reticulum to sarcolemma in sheep cardiac muscle. Nature (Lond.) **189**, 758—759 (1961)

Simpson, F. O., Oertelis, S. J.: The fine structure of sheep myocardial cells; sarcolemmal invaginations and the transverse tubular system. J. Cell Biol. **12**, 91—100 (1962)

Simpson, F. O., Rayns, D. G.: The relationship between the transverse tubular system and other tubules at the Z-disc levels of myocardial cells in the ferret. Amer. J. Anat. **122**, 193—207 (1968)

Singer, S. J.: The molecular organization of biological membranes. In: Structure and function of biological membranes (L. I. Rothfield, ed.), p. 145—222. New York-London: Acad. Press 1971

Sjöstrand, F. S., Andersson-Cedergren, E.: Intercalated disc of heart muscle. In: The structure and function of muscle (G. H. Bourne, ed.), vol. 1, p. 421—445. New York: Acad. Press 1960

Sjöstrand, F. S., Andersson-Cedergren, E., Dewey, M. M.: The ultrastructure of the intercalated discs of frog, mouse and guinea pig cardiac muscle. J. Ultrastruct. Res. **1**, 271—287 (1958)

Slautterback, D. B.: The sarcoplasmic reticulum in a turtle heart. J. Cell Biol. **19**, 66A (1963)

Smith, D. S.: The structure of insect fibrillar flight muscle. A study made with special reference to the membrane systems of the fiber. J. biophys. biochem. Cytol. **10**, 123—158 (1961a)

Smith, D. S.: The organization of the flight muscle in a dragonfly, Aeshna sp. (Odonata). J. biophys. biochem. Cytol. **11**, 119—145 (1961b)

Smith, J. R.: Observations of the ultrastructure of the myocardium of the common lobster (*Homarus americanus*), especially of the myofibrils. Anat. Rec. **145**, 391—400 (1963)

Sommer, J. R., Johnson, E. A.: Cardiac muscle. A comparative study of Purkinje fibers and ventricular fibers. J. Cell Biol. **36**, 497—526 (1968)

Sommer, J. R., Johnson, E. A.: Cardiac muscle. A comparative ultrastructural study with special reference to frog and chicken hearts. Z. Zellforsch. **98**, 437—468 (1969)

Sommer, J. R., Johnson, E. A.: Comparative ultrastructure of cardiac cell membrane specializations. A review. Amer. J. Cardiol. **25**, 184—194 (1970)

Sperelakis, N., Rubio, R.: Ultrastructural changes produced by hypertonicity in cat cardiac muscle. J. Molec. Cell Cardiol. **3**, 139—156 (1971).
Staley, N. A., Benson, E. S.: The ultrastructure of frog ventricular cardiac muscle and its relationship to mechanisms of excitation-contraction coupling. J. Cell Biol. **38**, 99—114 (1968)
Stang-Voss, C.: Zur Entstehung des Golgi-Apparates. Elektronenmikroskopische Untersuchungen an Spermatiden von *Eisenia foetida* (Annelidae). Z. Zellforsch. **109**, 287—296 (1970).
Staubesand, J.: Cytopempsis. 2. Wiss. Konf. Ges. dtsch. Naturforsch. u. Ärzte 1964, S. 162—186. Berlin-Heidelberg-New York: Springer 1965
Stehbens, W. E., Meyer, E.: Ultrastructure of endothelium of the frog heart. J. Anat. (Lond.) **99**, 127—134 (1965).
Stein, O., Stein, Y.: Lipid synthesis, intracellular transport, and storage. III. Electron microscopic radioautographic study of the rat heart perfused with tritiated oleic acid. J. Cell Biol. **36**, 63—77 (1968)
Stenger, R. J., Spiro, D.: The ultrastructure of mammalian cardiac muscle. J. Cell Biol. **9**, 325—352 (1961)
Thaemert, J. C.: Ultrastructure of cardiac muscle and nerve contiguities. J. Cell Biol. **29**, 157—162 (1966)
Thaemert, J. C., Emmett, S. S.: The ultrastructure of neuromuscular relationships within the atrioventricular node of the heart. Anat. Rec. **160**, 518 (1968)
Thoenes, W.: Giemsa-Färbung an Geweben nach Einbettung in Polyester („Vestopal") und Methacrylat. Z. wiss. Mikr. **64**, 406—413 (1960)
Tice, L. W., Engel, A. G.: Cytochemistry of phosphatases of the sarcoplasmic reticulum. II. In situ localization of the MG-dependent enzyme. J. Cell Biol. **31**, 489—499 (1966)
Virágh, S., Porte, A.: Eléments nerveux intracardiaques et innervation du myocarde. Etude au microscope électronique dans le cœur de rat. Z. Zellforsch. **55**, 282—296 (1961)
Watson, M. L.: The nuclear envelope. Its structure and relation to cytoplasmic membranes. J. biophys. biochem. Cytol. **1**, 257—270 (1955)
Watson, M. L.: Staining of tissue sections for electron microscopy with heavy metals. J. biophys. biochem. Cytol. **4**, 475—478 (1958)
Weidmann, S.: Electrical coupling between myocardial cells. In: Mechanisms of synaptic transmision (K. Akert, P. G. Waser, eds.), Progr. Brain Res. vol. 31, p. 275—281 (1969). Amsterdam: Elsevier Publ. 1969
Weller, K., Forssmann, W. G.: Ultrastructure of the T-system in the hearts of animals with extremely high heart rates. Colloque les Surcharges Cardiaques. Paris 1972, p. 59—61. Paris: INSERM 1972
Wenzel, J., Behrisch, D., David, H., Osswald, U.: Untersuchung zur Struktur und Funktion des T-Systems im Herzmuskel der Ratte. Z. mikr.-anat. Forsch. **84**, 449—469 (1971)
Weston, J. C., Ackerman, G. A., Greider, M. H., Nikolewski, R. F.: Nuclear membrane contributions to the Golgi complex. Z. Zellforsch. **123**, 153—160 (1972)
Whaley, W. G., Dauwalder, M., Kephart, J. E.: Assembly, continuity, and exchanges in certain cytoplasmic membrane systems. In: Origin and continuity of cell organelles (J. Reinert, H. Ursprung, eds.), p. 1—45. Berlin-Heidelberg-New York: Springer 1971
Williams, C. H., Vail, W. J., Harris, R. A., Caldwell, M., Green, D. E.: Conformational basis of energy transduction in membrane systems. VIII. Configurational changes of mitochondria in situ and in vitro. J. Bioenerget. **1**, 147—180 (1970)
Winegrad, S.: Role of intracellular calcium movements in excitation-contraction coupling in skeletal muscle. Fed. Proc. **24**, 1146—1152 (1965)
Wissig, S. L.: An electron microscope study of the permeability of capillaries in muscle. Anat. Rec. **130**, 467—468 (1958)
Wolfe, D. E.: The epiphyseal cell: an electronmicroscopic study of its intercellular relationship and intracellular morphology in the pineal body of the albino rat. Progr. Brain Res. **10**, 332—386 (1965)

Wolfe, D. E., Potter, L. T., Richardson, K. C., Axelrod, J.: Localizing tritiated norepinephrine in sympathetic axons by electron microscopic autoradiography. Science **138**, 440—442 (1962)

Yamada, E.: The fine structure of the gall bladder epithelium of the mouse. J. biophys. biochem. Cytol. **1**, 445—458 (1955)

Yamamoto, T.: Observations on the fine structure of the cardiac muscle cells in goldfish (*Carassius auratus*). In: Electrophysiology and ultrastructure of the heart (T. Sano, V. Mizuhira, K. Matsuda, eds.), p. 1—13. Tokyo: Bunkodo 1967

Zeigel, R. F., Dalton, A. J.: Speculations based on the morphology of the Golgi systems in several types of proteinsecreting cells. J. Cell Biol. **15**, 45—54 (1962)

Sachverzeichnis

(Kursive Zahlen verweisen auf Abbildungen)